〈数理を愉しむ〉シリーズ
はじめての現代数学

瀬山士郎

早川書房

6452

はじめての現代数学

目 次

まえがき 11

文庫版まえがき 13

1 ──「モノ」から「コト」へ

1 現代数学のイメージ 18
現代数学を比喩的に語る 18／クラシックからモダンへ 20

2 代数方程式の解法についての構造主義的方法 22
ギリシアの三大作図問題 23／定規とコンパスを代数的に見れば 24／作図できるとはどういうことか 25／数の拡大 26／方程式の解法理論 27／秘術としての三次方程式 28／五次方程式が解けない「こと」の証明 30／ガロアによる群の発見 31

3 非ユークリッド幾何学の発見と別世界への旅 33
ユークリッドの『原論』 33／第V公理の異和 34／非ユークリッド幾何学前史 36／ガウスの登場 38／ボヤイとロバチェフスキー 39／非ユークリッド幾何学の無矛盾性 40／非ユークリッド世界のモデル 41／平行線が何本もある世界 43／実数論の無矛盾性は保証されていない 44

4 解析学における無限とり扱いマニュアル 46
ギリシアにおける無限 46／無限のパラドックス 48／「コト」としての無限 50／納得と説得の違い 51／コーシーによる無限とり扱いマニュアル 52／「モノ」と「コト」 55

2 ──無限の算術・集合論

1 再び「モノ」的無限へ 60
超越数 π, e の問題 61／集合論の登場 64／集合論の最初の金字塔 65／集合の名づけ親カントール 66／一対

一対応　68／無限を数える　69／無限という怪物　70／$\aleph_0$ アレフゼロ　72／対角線論法　75／対角線論法を実行する　77／実数のほとんどは無理数　80／超越数の存在証明　81／実数のほとんどは超越数だった！　83

2　**果てしない無限の彼方**　85
平面上の点の個数　86／対角線論法のエッセンス　88／無限に続く無限のはしご　91／連続体仮説　93

3　**集合論内の矛盾の発見と数学の危機**　94
ラッセルのパラドックス　95／数学の危機と形式主義　96／公理的集合論は成功したか　98／数学者の二つの立場　99

3—柔らかい空間・トポロジー

1　**近さの発見から位相空間へ**　104
距離空間の定義　106／近さの概念の導入　107／位相空間　111／差異化の構造　112

2　**位置とつながり方の幾何学(1)**

――グラフ理論　114
ケーニヒスベルクの橋の問題　115／グラフ理論の現代的可能性　117／植木算を一般化する　119／ＪＲ線路網の切断　121／オイラー・ポアンカレの定理の証明　123

3　**位置とつながり方の幾何学(2)**

――ホモロジー理論　125
トーラスの切断　126／バラバラになるということ　127／ホモロジー理論――デジタル量への変換　129／ホモロジー理論の限界　130／数学オブジェの復活　131

4　**位置とつながり方の幾何学(3)**

――ホモトピー理論　135
ホモトピー理論とは　136／トーラスの結び目　138／カテゴリーとファンクター　141

5　ポアンカレ予想と四次元空間　143
ポアンカレ予想の高次元での解決　144　/　異球面の発見　145　/　四次元空間の不思議　147

4──形式の限界・論理学とゲーデル

1　納得、説得と論理　150
再び、納得と説得について　150　/　幾何学と論理　152

2　論理の記号化　153
命題と真偽　153　/　命題を記号化する　154　/　真理表を作る　156　/　"ならば"の意味づけ　158　/　複合命題の真理表　159　/　命題の差異化　161　/　自己律は不快か　163

3　正しいことと証明できることの違い　164
意味論的方法　164　/　トートロジーの性質　166　/　「正しい」とは「証明できる」ことか　167　/　無意味な記号列としての論理式　168　/　形式的証明の方法　169　/　統辞論的方法　172　/　意味と形式　173

4　模型としての論理の無矛盾性と完全性　174
P の無矛盾性と完全性　176　/　弱いシステム、強いシステム　177

5　形式の限界・ゲーデルの不完全性定理　178
自己言及による不思議の輪　178　/　ゲーデルの不完全性定理　180　/　「この命題は証明できない」　182　/　決定不能命題　184　/　ゲーデルのコード化　186　/　システムとメタシステム　188　/　神の論理・人の論理　189

5──現代数学の冒険

1　あいまいさの数学・ファジイ理論　194
「あいまいさ」と「でたらめさ」　195　/　主観に数値を与える　196　/　ファジイ集合の性質　198　/　和集合・共通部分　199

2　複雑さの数学・フラクタル理論　201
次元とは何か　202／「雪片曲線」の次元　204／カントールの不連続体の次元　207／自然の形とフラクタル　209

3　不連続現象の解析・カタストロフィー理論　210
不連続現象の記述　211／カタストロフィー理論を見る　213／トムの基本定理　216／現代数学の多様性　219

4　コンピュータと現代数学・四色問題をめぐって　220
"悪名高い"難問　220／グラフ理論の置き替え　221／手仕事の段階　224／コンピュータの登場　226／証明か否か　230

5　現代数学・その意味と形式　232
再び「モノ」と「コト」について　233／「モノ」の復活　234／意味と無意味と　235

はじめての現代数学

まえがき

　今、数学は変貌しつつある。しばらく前まで、数学といったら、分からないものの代表のような存在だった。受験数学という単色のフィルターを通して語られる数学は、嫌いな学科の最たるものだった。一方で数学というと高級な知的イメージで語られもした。このような数学が20世紀も終わり近くなって、奇妙に時代の息吹きと同調し始めたようである。数学をメタファーとして時代が語られる時が来た。

　もともと、数学自体も近代のさまざまな思潮と切り離せるものではない。たとえば、構造主義なども、現代数学があって初めてきちんと位置づけられるものである。さらに数学という学問が本来持っている発想の自由さ、豊かさ、その精神の柔軟さと遊び心、などが、ポストモダニズムの中であらためて評価され、見直されている。

　数学の本の中でも、教科書は味もそっけもないものと相場が決まっている。古典的な名教科書の中には、噛めば噛むほど味の出てくるものも少なくないが、そのような本で本格的に数学を学ぶ前に、あるいはそこまでの勉強は必要ないが、現代数学の手ざわりを確か

めたいという人のために本書は書かれた。厳密な証明を一行一行追いかけるのが数学理解の本道であろうが、ここではむしろ感性に訴え、感覚的に現代数学を納得してもらうことに主眼をおいた。ここには、高校までに学校というシステムの中で教えられる数学とは一味違った〝面白い〟数学の姿があるはずである。

1980年から数年間、まったくの私的な試みで山猫セミナーを自称する数学教室を開いたことがある。ほぼ本書の内容と同じものを一般市民を対象として月に一回ずつ話した。ささやかな試みではあったが、学校というシステムを離れてなお、数学という学問を入試のためでなく、成績のためでなく、熱心に聞いて下さった人も少なくなかった。

本書はこの山猫セミナーの内容に、最新の数学の成果を加え、多少の数学的証明もつけ加えて完成した。山猫セミナーに参加して下さった市民の皆さんに、このような形でそのまとめを渡すことができるようになったのは、ひとえに、講談社の堀越雅晴氏のおかげである。堀越氏が数学セミナーにのった拙文に目を通して下さらなければ、本書は完成することはなかったであろう。あらためて堀越氏には深く感謝したい。

最後に、山猫セミナーの雑務一切を引き受け、また本書の原稿を通読しいくつもの有益なアドバイスをし

てくれた、妻由里子にも深く感謝する。

1988年5月30日　前橋　山猫亭にて

瀬山士郎

文庫版まえがき

『はじめての現代数学』は1988年に講談社現代新書の一冊として出版された。雑誌「数学セミナー」に書いた数学解説文が新書編集者の目に留まったことがきっかけである。それまでに何冊か数学の大学生向け教科書は書いたことがあったが、一般向けの数学解説書は初めてだったので、かなり緊張した記憶がある。幸い池澤夏樹氏、竹内薫氏を初めとする何人かの方々に好意的な批評をいただき、とても嬉しかった。本のタイトルは編集者がつけてくれたものだが、当初は別の題名を考えていた。「はじめての現代数学」というタイトルが決まり、自分なりに最先端の数学を紹介しようとして、あらためて現代数学とはなんだろうか、という課題を自分に問いかける結果になった。数学史の歴史区分としての現代数学が確定しているわけではないが、一応20世紀になってから発展した数学を現代数学と名付けることにしてできあがったのが、現代新書版

「はじめての現代数学」である。「モノ」から「コト」へを中心テーマに据えて、数学史をなぞりつつ、集合論、トポロジー、不完全性定理に加えて、当時の最先端の数学にもふれた。新書版では故タイガー立石氏に装丁と挿し絵をお願いしたが、表紙はフラクタルの虎で、とても気に入っていた。

1988年当時はまだフェルマーの最終定理も、ポアンカレ予想も未解決で、書いた時はそれらの難問がいつかは解決されるにせよ、一体いつになるのかは見当もつかなかった。そこでそのような未解決問題をちょっと脇に置き、最も新しい数学でなおかつ多くの人に興味を持ってもらえそうな話題として、当時マスコミにもいろいろと話題を提供していた、ファジイ理論、カタストロフィー理論、フラクタル理論を選び、そこに本書執筆の10年ほど前の1976年にコンピュータを駆使して解決した四色問題を取り入れて最終章「現代数学の冒険」を構成した。執筆当時は最先端の理論だったが、20年の時を経てそれぞれの理論が落ち着くべきところに落ち着いたようである。また、現代新書版以降、本来なら付け加えるべきいくつかの話題が出てきた。1994年に、360年の長きに渡って数学のプロ・アマを問わず話題を提供してきたフェルマーの最終定理が証明され、そして2003年にはポアンカレ予想もセンセーショナルな形で解決をみた。ポアンカレ予想の解決は

トポロジーという現代数学との関連で取り上げることができたが、フェルマーの最終定理のほうは残念ながら本書では現代数学との関連を取り上げることができなかった。本来なら現代数学の最先端の話題として取り上げるべきものだとは思うが、問題そのものは古典的なので、あえて書き加えることはしなかった。さらに最近の話題としては整数論、特に素数理論の暗号理論への応用、複雑系とカオス理論、あるいは確率微分方程式の経済への応用などがあるが、これらの話題も今回は見送ることにした。1つには本書執筆当時の筆者が考えた現代数学の姿を残しておきたかったということもある。それを補うために、1988年以降に起きた数学の話題で本書の記述を変更、もしくは補足しなければならないことは、（注）の形で補足説明をすることにした。また、本書に登場した何名かの数学者は本書執筆以降鬼籍に入られたが、生没年はことわることなく変更した。現代数学というタイトルにとって、初版以降の20年という歳月は、世紀を跨ぎ決して短い時間ではないが、最初に述べたように、現代数学とは20世紀に発展した数学なのだ、という筆者の考えをご理解いただき、数学の姿を楽しんでいただけたらと思う。

　本書が文庫本の形でもう一度世に出ることになったのは、早川書房伊藤浩氏のおかげである。私自身愛着のある本でもあり、また絶版を悲しんでくれた人もい

らっしゃったので、このような形でもう一度出版できたことは本当に嬉しい。暑い夏の一日、遠路北関東の研究室までお越しいただき、本書の文庫化について熱く語ってくれた伊藤浩氏には心から感謝したい。この文庫本も大勢の人の手に渡り、数学の生き生きとした姿を多くの人が楽しんでくださるとしたら、こんなに嬉しいことはない。

　最後にいささかの私事を書くことをお許し願いたい。「ＳＦマガジン」創刊号からのＳＦファンとして、ＳＦの老舗である早川書房から、ハヤカワ文庫の一冊として自分の本が出版されるというのは望外の喜びである。本書が数学をテーマとしたＳＦとして読まれることを心から希望する。

2009年3月1日　　　　　　　　　　　　　瀬山士郎

1 ―「モノ」から「コト」へ

1 現代数学のイメージ

現代数学に対して人はどのようなイメージを抱いているのだろうか。おそろしく難解で複雑きわまりない理論、あるいは浮世ばなれした超俗的な学問、もう少し科学に強い人なら、1970年前後に新聞などで騒がれたカタストロフィー理論、さらにコンピュータ・グラフィックスの出現とともに注目の的となったフラクタル理論やファジイ理論などという名前を想い浮かべるかも知れない。

現代数学を比喩的に語る

数学にはノーベル賞がないことはよく知られているが、ノーベル賞に匹敵する賞としてフィールズ賞というものがある。この世界的な賞も日本から二人目の受賞者、広中平祐がでて（1970年受賞、日本人初の受賞者は小平邦彦で1954年受賞）ようやく一般にもよく知られるようになった。フィールズ賞は現代数学の研究に対して与えられる賞で、ノーベル賞がどちらかというと功成り名を遂げた人に与えられるのに対して、フィールズ賞は原則として40歳以下の新進気鋭の研究者に与えられることになっている。

（注：1990年、森重文が日本人三人目の受賞者となった。受賞分野は小平邦彦、広中平祐とおなじ代数幾何学。なお、2006年のフィールズ賞はポアンカレ予想を解決したロシアのペレルマンに与えられたが、ペレルマンが受賞を辞退して話題になった）

広中博士の受賞は「代数多様体の特異点の解消」という理論によるが、受賞の際のインタビューに答えて「ジェットコースターがなぜ衝突しないかに答える理論」と巧みな比喩でその理論を説明していた。もちろん、比喩で現代数学について語ることには一定の限界があるし、そのような現代数学の理解の仕方は浅薄きわまりないという批判は当たっていよう。幾何学に王道なしという言葉は、ここでは数学に王道なしと言い替えてもそう間違ってはいまい。

しかし、その限界を承知のうえで、あえて現代数学について比喩的に語ってみたいというのが、筆者の長年の密かな願いであった。というのも、今、数学にとって最も必要なことは、数学についてのいわれなき嫌悪感を少しでも解消すること、少しでも数学に親しみを持ってもらうことだと思うからである。現在の学校教育は、そのシステムによって多くの数学嫌いを作り出してきた。それは、しかし、数学の罪ではない。数学もそのような教育の被害者なのである。かつて学生時代にあくびと戦いながら数学とつき合ってきた人た

ち、また、今、無理やり数学とつき合わされている人たちに、現代数学が創り上げてきた壮大なパノラマの一端でも見物してもらえたらと思う。

クラシックからモダンへ

　現代数学とはどのような数学をいうのだろうか。これは数学者によってさまざまな考え方があるだろう。明確な時代区分があるわけではない。ふつう歴史学では現代史と近代史の区分を第二次世界大戦あたりに置くようであるが、現代数学を第二次世界大戦以後の数学としたのではあまりに狭くなりすぎて、語るべき内容も高度に専門的になりすぎてしまう。

　ここでは現代数学として主として20世紀になって発展を遂げた数学を扱うことにしよう。もちろん、数学全体の流れは一貫していて、現代数学の主題も19世紀までの古典的な数学の中で育まれてきたものである。にもかかわらず、古典的な数学の方法論や主題と現代数学の方法論や主題には、はっきりとした違いもあるように思われる。それは一言で「モノ」と「コト」との違いというとはっきりする。

　日本語では「物事」「モノゴト」などというが「モノ」と「コト」とは基本的に異なる概念である。「モノ」という概念は具体的な実体を指すのが第一義であるが、「コト」といった場合は出来事などという言葉

の示すとおり、これは「モノ」と「モノ」との関係を指す概念である。

試みに国語辞典を引いてみると、

> **もの【物・者】**事よりは割合に具体的に感じたり考えたりできる対象。**こと【事】**ものとしてでなくとらえた、意識、思考の対象、ものの働き、性質、ものの間の関係などの面をとり上げる時「こと」という。「もの」より抽象的なさし方である。(『岩波国語辞典』第4版)

とある。この「モノ」から「コト」への主題の変化が現代数学を特徴づけ、それを古典的な数学から区別する一つの大きなポイントである。

この変化の最初の大きな波は19世紀になって引き起こされた。現代数学の壮大な建築を観賞して歩く前にまず、この歴史的な建築を眺めておこうと思う。そのためにここでは三つの史跡を訪れてみる。

それは
(1)代数方程式の解法についての構造主義的方法。
(2)非ユークリッド幾何学の発見による別世界への旅。
(3)解析学における無限のとり扱いマニュアル。
の三つである。

これらはそれぞれに来たるべき20世紀に向けて、新しい数学を用意したのであった。

2 代数方程式の解法についての構造主義的方法

　これは理論を創り上げた天才数学者の名前をとって、今日ガロア理論と呼ばれている分野へと育っていった数学である。E・ガロア（1811-1832）は21歳にして決闘で斃(たお)れたフランスの数学者で、その後、すべての数学少年が一度はとりつかれるはしかのような存在になったが、その輝きは永遠に失われることはないだろう。だが、このガロア理論を見る前にしばらく古代ギリシアまでタイムスリップしなければならない。

　古代ギリシアにおいて数学はまず最初の最盛期を迎えたが、その中心にあって燦然(さんぜん)と輝いていたのは、ユークリッドの『原論』を柱とする調和的かつ静的な幾何学精神であったことはよく知られている。このギリシア人たちのストイックな調和精神は、しかしながら数学にいくつかの倍音をつけ加えた。その一つは無限に対するものである。これは後で解析学における無限のとり扱いに関連して扱うことにしてここではもう一つの倍音、いわゆるギリシアの三大作図問題を眺めてみよう。

ギリシアの三大作図問題

　ギリシアの三大作図問題とは、(1)立方倍積問題、これはデロスの問題ともいう、(2)円積問題、(3)角の三等分問題の三つをいう。それぞれ、コンパスと定規を何回か用いて与えられた作図をせよという問題で、(1)は与えられた立方体の二倍の体積を持つ立方体の一辺を作図すること、(2)は与えられた円と等しい面積を持つ正方形の一辺を作図すること、(3)は与えられた角の三等分線を作図すること、である。

　どの問題も非常に有名なのでご存知の方も多いと思うが、これらの問題が、先に述べた方程式の解法理論の構造と深く関係していたのである。それはほとんど同一といってもよいが、それを調べる前に、これら三大作図問題が典型的な「モノ」的スタイルの問題であることに注意を払っておこう。

　何々を作図せよという問題の場合、どれほどの難問であっても、作図可能な場合には「モノ」を離れることはない。要求されるものは、一つの「モノ」に対するアルチザン的な高度の技術であって、技術は与えられた「モノ」によって見事に光り輝くものである。これが一方において作図問題、ひいてはユークリッド幾何学全体にマニアックな面白さをもたらし、熱狂的な初等幾何学ファンを創り出したという事実もある。

　しかしながら、作図が不可能であるという場合には、

この「モノ」的問題設定と「モノ」的視点は大きな手かせ足かせとなった。なぜなら作図不能であるという「コト」は文字通り「コト」であって、これを捉えるためには、「モノ」的視点を超えて、作図できるとはどういう「コト」かという分析、作図できるということの構造を知ることが不可欠だからである。そして、この「作図できる構造」は「方程式が解ける構造」と本質的に同一なのである。

定規とコンパスを代数的に見れば

定規とは直線を引く道具、コンパスとは円を描く道具であるが、それらを代数の言葉に翻訳すれば、高校で学ぶようにそれぞれ一次方程式、二次方程式が表わす図形を描く道具となる。したがって直線や円の交点を求めて作図を行うということは、結局、いくつかの一次方程式、二次方程式を順に解いて得られる数を求めていくことと同じであり、そのようにして得られる数だけがコンパス、定規だけで作図可能である。

ところで、二次方程式の解はよく知られているように、加減乗除算と開平算（$\sqrt{}$）のみで求まる。つまりある数（長さ）が作図できるためには、その数が、与えられた数（長さ）から四則演算と開平算を有限回繰り返して作れなければならない。

これが作図できるという「コト」の本質であった。

この事実を発見するために人間はおよそ二千年を費やしたということを考えると、「モノ」的視点から「コト」的視点へという転換をなし遂げる作業は、人間にとって本当に難しいことだったに違いない。

作図できるとはどういうことか

さて、この作図できるという「コト」の視点でギリシアの三大作図問題について考えてみよう。

(1)の立方倍積問題では、与えられた立方体の一辺を1とすれば作図すべき立方体の体積は2となり、したがって一辺の長さは2の立方根 ($\sqrt[3]{2}$) となる。(2)の円積問題では、与えられた円の半径を1とすればその面積はπとなり、したがって同じ面積の正方形の一辺はπの平方根 ($\sqrt{\pi}$) となる。

したがって、これらの問題はそれぞれ、$\sqrt[3]{2}$やπを数1から四則演算と開平算を有限回使って作れるだろうか、という問題に還元される。さらに角の三等分問題についても、ある種の三次方程式(角の三等分方程式)の解が同様に1から四則演算と開平算の有限回の繰り返しで作れるか、という問題になる。

ここで注意していただきたいのは、$\sqrt[3]{2}$は2の立方根だから開平算では表わせないと速断してはいけないということである。たしかに立方根は見かけ上平方根とは異なるけれども、$\sqrt[3]{8}$は2で2=1+1であるから、

たし算で1から作れる。このように、ひょっとしたら、$\sqrt[3]{2}$も四則演算と開平算の複雑な組み合わせで作れるかもしれない。

しかし、ここまでくると、「モノ」的問題が「コト」の視点を通過して、再び一段高い「モノ」的レベルにまで戻ってきたといえる。そして$\sqrt[3]{2}$がそのような、四則演算と開平算の有限回の組み合わせでは作れないことを示すために、1から出発して四則演算と開平算だけを使って次々に数を拡大していく。

一般に四則演算が自由にできるような数のシステムを体という。

たとえば、自然数 $1, 2, 3, \cdots$ の中では引き算が自由にはできないから、自然数の全体は体になっていない。また整数 $\cdots, -1, 0, 1, 2, \cdots$ の中では割り算が自由にはできない。しかし、有理数、すなわち0と正負の分数の全体になると四則は自由にできるようになり体となる。この体を有理数体と呼ぶ。これはある意味で、いちばん小さい体であるが、その他に実数全体や、複素数全体なども体になり、それぞれ、実数体、複素数体という。

数の拡大

ここまでくると、作図が可能かどうかという問題の骨格は、すっきりと見えるようになる。すなわち、有

理数体から出発し、それに$\sqrt{a}$の形の数をつけ加えて体を作り、さらに$\sqrt{b}$の形の数をつけ加えて体を作り、という方法で体を拡大していくとき（これを有理数体の$\sqrt{}$による拡大体という）、$\sqrt[3]{2}$を含む体にたどりつければ、$\sqrt[3]{2}$は作図可能、どうしてもたどりつけないなら、$\sqrt[3]{2}$は作図不可能ということになる。この証明は本質的に背理法にならざるを得ないから、$\sqrt[3]{2}$を含む拡大体があると仮定して矛盾が導ければよい。

この手続きは初等的にできるし、それほど難しいものではない。円積問題も角の三等分問題も同様にして、その不可能性が証明される。

これが作図問題という「モノ」の背後に隠されていた、拡大体による数の拡張という「コト」である。そしてこの構造が、ガロア、アーベルによる代数方程式の解法理論の背後にも隠されていたのである。しばらくは方程式の解法の理論の歴史をたどってみよう。

方程式の解法理論

一次方程式は中学校以来なじみ深いものであるが、古くは古代エジプトのパピルスの中にも一次方程式を解く問題があるという。解き方も簡単で、理論と呼ぶほどのものはない。むしろいかに記号を操るかという技術的な問題である。

二次方程式になると多少理論めいたものが入り込ん

でくるが、これも古くからその解法は知られていたらしい。バビロニアの粘土板には二次方程式の解法が記されている。ただし、現在の中学生が学ぶような記号化された解の公式ではない。代数方程式が記号化されるのはずっと後になってからである。

人間の知的好奇心は、もちろん、一次、二次の方程式だけに関心をとどめてはおかなかった。三次、四次の方程式の解法に、さらに高次の方程式の解法にとその関心の対象を広げていったが、三次方程式は格段に手強い相手だった。その解法が知られたのは、さらに時が流れてルネサンスになってからである。

秘術としての三次方程式

1545年にカルダノ（1501 - 1576）はその著『アルス・マグナ』の中に三次方程式の解法を発表したが、発表にいたるまでの経緯は、数学史上最も興味深いエピソードの一つである。それは数学的内容もさることながら、主役の一人であるカルダノという人物のキャラクターに負うところが多い。

カルダノは末期ルネサンスの坩堝の中から生まれてきたような人物で、数学師であると同時に医師、錬金術師、賭博師などを兼ねていた。当時は数学といえども術の一種で、数学者というより数学師という方がふさわしいと思われる。

このパフォーマンスのもう一人の主役はニコロ・フォンタナ、別名タルタリア（1500-1557）という、これも風変わりな数学師である。そもそも三次方程式の一般的な解法はタルタリアが発見したものであったが、術としての数学の性質上、その解法をそうやすやすと公表するはずもなかった。それは手品師に手品の種を公開せよと迫るようなものである。

しかし、カルダノは言葉巧みにタルタリアを口説き落として、公開しないという約束で三次方程式の解法を聞き出し、そして、その約束を破ってみずからの本の中でその解法を公表してしまったのである。当然タルタリアは怒り、カルダノに公開討論という決闘を申し込む。しかし、その公開討論の席に姿を現わしたのは、カルダノ本人ではなく、フェラリ（1522-1565）というカルダノの弟子であった。フェラリはカルダノの本の中に四次方程式の解法の発見者として名を残している若き新進気鋭の数学師で、タルタリアはこの公開討論に敗れ去ることになるのである。

これが数学史上に名高い三次方程式、四次方程式の解法にまつわるパフォーマンスであるが、このエピソードからも方程式そのものについての「モノ」的雰囲気が立ち上ってくるではないか。

その方程式を解くことがどんなに難しくても、解ける方程式であればさまざまな工夫をこらして人はそれ

を解いてきた。これが「モノ」に対する人間の態度である。一方その方程式が本質的に解けない方程式であれば、そこでは「方程式が解けるとはどういうことか」という「コト」が問題となってくるであろう。五次方程式がまさしくそのような「コト」を問題にしなければならない相手だったのである。

五次方程式が解けない「こと」の証明

五次方程式に対しては、四次方程式までのような解の公式は存在しない。これを初めて発見したのはノルウェーの若き数学者アーベル（1802-1829）である。それ以前にも多くの数学者たちが五次方程式を解くことに挑戦し、失敗していた。中でもラグランジュ（1736-1813）やルフィニ（1765-1822）による先駆的な業績があり、とくにルフィニは1799年に五次以上の代数方程式は一般に解けないという定理を発表している。

では「方程式が解ける」とは、いったいどういうことなのだろうか。

二次方程式の解の公式を思い出してみると、それは解を方程式の係数に加減乗除の四則演算と開平算をほどこした式で表わしたものである。三次、四次方程式の解の公式も、式自体は複雑になるが、同様に方程式の係数に四則演算と$\sqrt{}$、$\sqrt[3]{}$、$\sqrt[4]{}$などをほどこして得られる式で表わされる。すなわち方程式が代数的

に解けるとは解の公式が存在することであって、その解の公式とは、解を係数の四則演算と巾根(平方根、立方根、四乗根など)で表わす式のことである。

これを前の作図問題の構造と比較してみれば、作図の場合許される手段が四則演算と平方根のみであったのに対して(これは作図がコンパス、定規のみの使用を許しているために起きた制約である)、方程式の方は一般のn乗根をとる操作まで許している点が異なる。

しかし、構造的にはまったく同一であることが見てとれると思う。すなわち係数の四則演算全体で表わされる数の体を作り、それにある巾根をつけ加えて拡大体を作り、以下この操作を続けていくとき、いつか解を含む体にたどりつければ、その方程式は解の公式を持ち、そのような体にたどりつけなければ、解の公式は存在しない。

アーベルは一般の五次方程式について、そのような体が存在しないことを再び背理法を用いて証明することに成功したのであった。時に1824年、アーベル21歳の時である。

ガロアによる群の発見

では、解の公式を持つ方程式とはどのようなものだろうか。それを詳しく調べるためには、方程式が解け

るという「コト」の構造、すなわち巾根による拡大体の構造をさらに深く研究しなければならない。アーベルもその研究に着手したが、志半ばにして夭折した。

かわって見事な成果を修めたのはフランスのガロアである。ガロアは体の拡大列に対応して順に縮小していく群という数学的構造を考えた。体が四則演算が可能な数のシステムであるのに対して、群はそれよりずっと単純な数学的構造で、かけ算またはたし算だけができる構造である（ただし、かけ算といっても、数のかけ算だけではない。かけ算という名前の演算である）。この体の拡大列と群の縮小列との対応関係こそが、方程式が代数的に解けるか解けないかの決定的鍵となった。方程式の解を含む体が与えられた方程式の係数の四則演算全体からできる体の巾根による拡大体になっているとき、それに対応する群は現在、可解群と呼ばれるよい構造を持つ群になっている（可解群という名前は対応する方程式が解けるという性質に基づいている）。

ガロアはこの事実をはっきりとさせ、「コト」の研究の第一歩を踏み出した。この体の拡大列と群の縮小列との関係をさらに一般化、抽象化したものが今日ガロア理論と呼ばれている数学の原型である。

このガロア理論はデデキント（1831-1916）などによって研究が始まったが、ここに代数学は方程式の解

法の探究という古典的「モノ」的主題を離れて、代数的構造の探究という現代的「コト」的主題を研究する数学へと変貌を遂げたのである。

3 非ユークリッド幾何学の発見と別世界への旅

　代数学がガロア理論の発見によって構造主義的主題へとその方向を変え始めた頃、幾何学の分野でも大きな変化、むしろ革命とでも呼べる事件が進行していた。もともとギリシアに始まる幾何学はその静的、調和的な精神に大きな特徴があり、幾何学精神とは調和の精神と呼んでもよいくらいのものだが、それは大域的な空間そのものの研究とは微妙にずれるところがあった。

　幾何学が図形そのものよりも図形の容器としての空間の方に興味を持つようになったのは19世紀に入ってからで、これから述べる非ユークリッド幾何学の発見もその原動力の一つになったと考えられる。その非ユークリッド幾何学を見る前に、再びギリシア時代に戻ってユークリッドの『原論』をのぞいてみることにしよう。

ユークリッドの『原論』

ユークリッドの『原論』はおよそ紀元前300年頃、アレキサンドリアのユークリッドが集大成した幾何学の本で、ヨーロッパでは聖書に次ぐ大ベストセラーといわれている古典である。ただし、現在ではユークリッド個人の著作かどうかは疑わしいとする数学史家もいるようである。

よく知られているように、『原論』は演繹科学のモデルを与えていることで有名で、定義、公理、定理、証明と続くその構成は、科学的方法の典型的かつ模範的な例として、数学のみならず近代科学に多大な影響を与えた。

しかしながら、現代数学の立場から眺めてみるとその厳密性にはいくらかの穴があり、たとえば『原論』の冒頭に、「定義1　点とは部分のないものである」という文章がでてくるが、これが点の定義といわれても、では部分とは何かといわれるとちょっと困ることになる。後でふれるが、現代の幾何学では点の定義は与えないのがふつうであり、これを無定義用語として扱っている。

第Ⅴ公理の異和

さて、『原論』はこのように、いくつかの定義から出発するが、しばらく後に五つの公準と呼ばれる文章が現われる。この公準は理論の枠組みとして要請され

る事柄というような意味で、『原論』では公理と区別して使われているが(『原論』では公理とは幾何に限らず一般に成立すると考えられるより広い枠組みのことをいい、たとえば、「全体は部分より大きい」などが公理にあたる)、現在は一括して公理と呼ばれているので、ここでも公理と呼ぼう。さてその五つの公理であるが、

(I)　任意の点から任意の点に直線が引ける。

(II)　任意の有限直線を延長することができる。

(III)　任意の点を中心とし任意の半径の円が描ける。

(IV)　すべての直角は等しい。

(V)　二直線に他の一直線が交わってできる同じ側の内角の和が二直角より小さいなら、この二直線を延長すると、二直角より小さい側で交わる。

となっている。

　この第V公理がいわゆる平行線の公理である。一読して他の公理との不釣合いが目立つことは明らかである。まず文章が異常に長く、ちょっと読んだだけでは意味がとりにくい個所がある。それは公理の構造にも表われていて、他の第Iから第IVまでの公理がすべて、何々ができる、あるいは、何々である、という形をしているのに対して、第V公理だけは、もし何々ならば何々である、という仮定つきの文章になっている。

　もう一つ、平行線の公理という名前にもかかわらず、

平行線が直接には出てこないことも注意しておこう。よくよく考えてみると、われわれは平行線が本当に交わらないかどうかを直線を延長して試すわけにはいかないことに気づく。無限に直線を延ばすことは人間にはできないのである。ここにもまた、平行線という「モノ」と二直線が平行であるという「コト」の微妙なニュアンスの差が顔をのぞかせている。

非ユークリッド幾何学前史

このような第V公理は、いつの時代にも多くの数学者の注意をひかずにはいなかった。とくに、この平行線公理を他の公理から証明しようとして多くの試みがなされたが、そのような試みの中から平行線公理の言い替えとして、「直線外の一点を通りこの直線に平行な直線はただ一つある」が得られた。この表現が現在多く使われている平行線公理である。

平行線公理を証明しようとした数学者はルジャンドル（1752-1833）などが有名であるが（ルジャンドルは実際平行線公理の証明に成功したと信じていたらしい）、その中ではサッケリ（1667-1733）の仕事が面白い。サッケリは平行線公理を証明するために背理法を用いることを考えた。作図や方程式の場合も背理法がでてきた。ハイリホーというのは時代の叫び声だったのかも知れない。駄洒落はさておき、言い替えられ

た平行線公理に対して、背理法を実行するために公理を否定してみると、
(1) 直線外の一点を通りこの直線に平行な直線は二本以上ある。
  または
(2) 直線外の一点を通りこの直線に平行な直線は一本もない。
となる。

(1)、(2)の仮定から矛盾がでることが分かれば、平行線の公理は証明されたことになる。これがサッケリのアイデアである。サッケリはこのプログラムに従って公理Ⅰ〜Ⅳと(1)または(2)による幾何学を構築していった。そして公理Ⅰ〜Ⅳと(2)からは矛盾がでることを確かめたが、公理Ⅰ〜Ⅳと(1)からは矛盾を導くことができなかった。

ここで注意しなければならないのは、この幾何学からわれわれの日常経験とは異なるどのような奇妙な結論が得られたとしても、それだけでは矛盾とはいえないということである。数学上の矛盾というのは一方でAという定理が証明され、しかも、もう一方でAでないことが証明されたときをいうのであって、日常経験と異なるというだけでは数学上の矛盾とはならない。

しかしサッケリも約二千年にわたるユークリッド幾何学の呪縛から逃れることができなかったらしい。数

学上の矛盾がでなかったにもかかわらず、サッケリはこの奇妙な幾何学の構築を途中で打ち切ってしまうのである。

ガウスの登場

ここで19世紀最大の数学者ガウス（1777 - 1855）が登場する。ガウスに関しては、さまざまな数学上のエピソードがあるが、ここではガウスが弱冠19歳の時、正17角形がコンパスと定規で作図できることを証明したことを述べておこう。ガウスはこの証明を寝床の中で思いついたといわれている。これは前に述べた作図問題とも関連し、アーベル、ガロアの方法の源流にも当たるものである。さて、ガウスも平行線公理に関心を持ち密かに研究を続けていたらしいが、ガウスはサッケリと違ってユークリッドの呪縛から逃れ出る力を持っていた。

すなわち、ガウスは公理Ⅰ～Ⅳと(1)から矛盾のないユークリッド幾何学とは別の新しい幾何学が導かれることを確信したのであるが、ガウス特有の用心深さでそれを公表しなかった。大数学者ガウスにしても、非ユークリッド幾何学が成立するという「コト」に対してそれを「コト」として認めさせるための「モノ」が欲しかったけれど、それを手に入れることができなかったというのが理由の一つであろう。

「コト」としての確信を「モノ」としての物証なしに果敢に発表するためには、ガウスの持つ数学上の才能に加えて、あるいは引いて、ガウスの持つ数学上の狷介さを持たないことが必要であった。その条件を満たした二人の数学者がボヤイ（1802-1860）とロバチェフスキー（1793-1856）である。

ボヤイとロバチェフスキー

　ボヤイは父も名の知られた数学者で、親子二代にわたって非ユークリッド幾何学の奇妙な世界にとりつかれた数学一家であった。父ボヤイはガウスとも親交があり、非ユークリッド幾何学についてガウスと意見を交換したこともあったが、結局非ユークリッド幾何学の存在を確信することはできなかった。息子のボヤイにもこの奇妙な世界に足を踏み入れないよう、それとなく忠告したりもしたらしい。しかし息子のボヤイは聞き入れることなく研究を続け、1832年父ボヤイの著作『純粋数学入門』の付録として息子ボヤイによって「空間の絶対的科学」という名前で非ユークリッド幾何学の成立が告げられた。

　一方ロバチェフスキーは1826年に非ユークリッド幾何学の成立を発表し、1829年から30年にかけて、非ユークリッド幾何学存在の物証の一つである重要な定理を証明している。それらをまとめて『仮想幾何学』が

出版されたのが1835年のことであった。

非ユークリッド幾何学の無矛盾性

ここで再び、なぜガウスが非ユークリッド幾何学の成立を発表するのをためらったのかについて考えてみよう。ボヤイもロバチェフスキーもともに非ユークリッド幾何学が無矛盾であること、すなわち、いくら論証を進めていっても、非ユークリッド幾何学の内部世界では論理的整合性が保たれていることを証明したわけではない。

そもそも幾何学が矛盾しないという「コト」はいったいどうしたら確かめられるのか。そんなことを気にしだしたら、ユークリッド幾何学の世界そのものの成立までもが怪しくなってしまうのではないか。ここでも作図問題や方程式の解法の問題と同様に「モノ」と「コト」との微妙な関係が姿を現わす。

図形という「モノ」に関わっている間は幾何学の土台に想いをめぐらすことはなかったのかも知れないが、平行線公理の成立という「コト」に関わり始めたとたん、議論は空間そのものの成立基盤に直結してしまい、それこそ「コト」の重大さを知らされることになるのである。

かくしてこの事件を一つの契機にして幾何学研究は二つの方向へと向かう。一つは大域的な空間そのもの

の研究であり、これは20世紀に入って抽象空間論として結実する。もう一つは公理の無矛盾性を問題とする幾何学基礎論の方向であり、これはヒルベルト（1862-1943）を経て幾何学と離れ、集合論と結びつき、数学基礎論という現代数学の一大潮流を形作るにいたったのである。

非ユークリッド世界のモデル

　だが、それはまだ先の話である。ここではもう少し、非ユークリッド幾何学の無矛盾性の問題について眺めておこう。非ユークリッド幾何学は本当に矛盾しないのだろうか。それは数学者のたんなる確信ではないのか。

　この問いに対して数学が用意した解答は次のようなものである。それはいわば、非ユークリッド幾何学のプラモデルをユークリッド幾何学の世界の中に組み立てて見せることである。プラモデルはこの世界の中にきちんと組み立てられる。だからプラモデルが矛盾を含むということは、とりもなおさず、そのプラモデルを含むこの世界そのものが矛盾することになるではないか。

　この答案を実際に書いたのは19世紀数学と20世紀数学の橋わたしをした二人の数学者クライン（1849-1925）とポアンカレ（1854-1912）である。クラインは

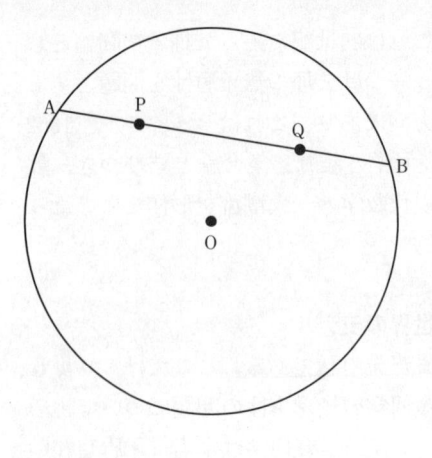

幾何学という数学を、図形、空間をどのように変換していくかという視点に立って構造的に捉え直して見せた論文「エルランゲン目録」で有名であるが、ここでは、クラインの作った非ユークリッド幾何学の世界のモデルについて述べよう。

$\overline{PQ}$ の円内での長さ $= a\log\dfrac{PB \cdot QA}{QB \cdot PA}$

（a は定数、右辺の PB などはふつうの長さ）

$\mathbf{R}^2$ という記号でふつうのユークリッド平面を表わす。頭の中に中学校以来なれ親しんできた座標平面を思い浮かべてもらいたい。さて、この中に異世界を構成する。そのためにこの $\mathbf{R}^2$ 内に一つの円を考える。この円の内部を非ユークリッド幾何学の世界に作り変えてしまうわけである。そのための基本となるアイデアは、この円の内部だけ距離の測り方を変えてしまうことにある。

すなわちこの円（基円という）内の二点P、Qについてその二点間の長さを、直線PQが基円と交わる点をA、Bとしたとき、四点A、B、P、Qの非調和比というものを用いて決める。このように長さPQを決めると、PがAに近づくとき、PQの基円内での長さは無限大となり、結局いったんこの円内に入り込んだ人にとっては、この円周ははるか宇宙の果てとなり到達できないことになる。

このようにして基円内の世界は$\mathbf{R}^2$というユークリッド幾何学の世界の中に忽然と姿を現わした異世界となる。

平行線が何本もある世界

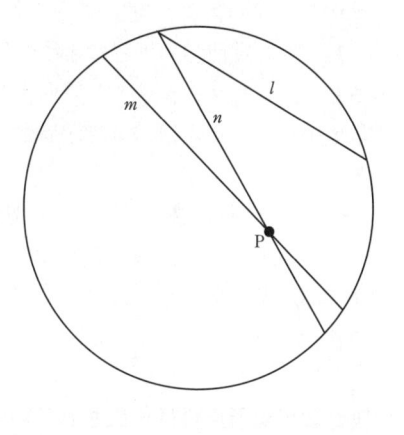

この異世界においても平行線とは互いに交わらない二本の直線のことである、と決めると、この異世界ではまさしく、「直線外の一点を通りその直線に平行な直線は二本以上存

$l \parallel m, \; l \parallel n$

在する」ことになる。この異世界の中では角も同様な方法で測ることができ、それらを用いて、ふつうのユークリッド幾何学と同様にして、別の幾何学を構成することができる。ところが、この世界のこの幾何学は基円の外部から眺めると、まったく別の姿を見せる。すなわち外側から神のような超越者の目で眺める限り、内側の人間が平行線だと思っている直線は平行線ではないことになる。

これがクラインが考案した非ユークリッド幾何学のモデルで、内部と外部はそれぞれ非調和比などを通して相互に翻訳可能となっている。したがって、もし非ユークリッド幾何学に数学上の矛盾を生じるとすると、それを外部の言葉に翻訳することにより R^2 というユークリッド幾何学の世界に矛盾が生じたことになる。つまり、もしユークリッド幾何学が無矛盾であるなら、非ユークリッド幾何学も無矛盾ということになるのである。

ポアンカレも同様なモデルを構成することに成功した。このポアンカレのモデルでは直線の定義がやや厄介であるが、角の扱いはクラインのモデルより簡単である。

実数論の無矛盾性は保証されていない

いずれにしろ、これらのモデルによって非ユークリ

ッド幾何学の無矛盾性の問題はユークリッド幾何学の無矛盾性の問題に帰着するのである。では、ユークリッド幾何学の無矛盾性はいかにして証明されたのだろうか。

結論を先に言ってしまうと、ユークリッド幾何学が無矛盾であるかどうかは、まだ未解決なのである。驚いてはいけない。数学の理論で無矛盾であることが保証されている理論は、実はそうたくさんはない。中学校以来なれ親しんできたユークリッド幾何学であるが、ひょっとすると今に矛盾が発見され、一挙に崩壊するかも知れないのである。もっとも、現在の数学者のうち、誰一人として、そんなことは信じてはいないであろうけれど。しかし少なくとも、そのような抽象的ハルマゲドンがこないという保証はない。そのためにもなんとかユークリッド幾何学の無矛盾性を証明しておきたいところだが、そのプログラムはどうなっているのだろうか。

よく知られているデカルト (1596 – 1650) の解析幾何学の方法によって、点、直線などの概念はすべて座標を用いて数値化、式化することができる。この数値化、式化によってユークリッド幾何学を計算のルートに乗せることができ、結局、ユークリッド幾何学に矛盾が起きないかどうかは、数の計算に矛盾が起きないかどうか、多少かつめらしく言えば、実数論が無矛

盾かどうかという問題に帰着することになる。そして、この実数論の無矛盾性は現在まだ完全には解決されていない。

結局、非ユークリッド幾何学という異世界への旅はまわりまわって、私たちの世界を支えている実数に矛盾があるかないか、という最深部へとたどりついたのである。

4　解析学における無限とり扱いマニュアル

19世紀数学のもう一つの大きな成果は、無限をとり扱うためのマニュアルを開発したことだった。これがいかに巧妙な方法であったかを知ってもらうために、われわれは三たび、遠くギリシア時代に時間を遡ってみなければならない。

ギリシアにおける無限

ギリシアの数学は人類の歴史の中で最も高い峰に登りつめた学問の一つであるが、その幾何学精神が、調和的かつ静的な図形のとり扱いに特徴があるものであることはすでに述べたとおりである。図形を扱う以上、無限の点の集まりを直接とり扱うことになり、無限という怪物を避けて通れないのであるが、ギリシア数学

は「モノ」としての無限を暗黙の了解のうちに図形という容器の中に閉じ込めておき、無限が暴れださないようにしていた。しかし、少数ではあるが、あえて無限という怪物を図形という檻から解放しようとした人たちもいた。

最も有名なのは哲学者ゼノン（490?‐429?B.C.）で、彼の提唱した話題は今日、ゼノンのパラドックスという名でよく知られている。それは無限および連続ということに関連した次のような話である。

(1) AからBに運動するものはAとBの中間点A_1を通過しなければならない。したがってAとA_1の中間点A_2を通過しなければならない。したがってAとA_2の中間点A_3を通過しなければならない。このようにして、無限個の点を通過しなければならない。有限の時間内に無限個の点を通過することはできない。したがってBには到達できない。

(2) アキレスと亀のパラドックス

ギリシアで一番の俊足アキレスと亀が競争をする。ハンディキャップをつけて亀はアキレスより前の地点A_1からスタートする。アキレスがA_1に着いたとき、亀はすでにA_2まで進んでいる。アキレスがA_2に着いたとき、亀はまたA_3まで進んでいる。アキレスがA_3に着いたとき、亀はさらにA_4

まで進んでいる。このようにして、いつまでたってもアキレスは亀に追いつけない。

この他にも飛び矢の静止などというパラドックスもあるが、最も有名なものはアキレスと亀のパラドックスであろう。ためしにアキレスの速さを亀の速さの二倍として、ゼノンが言っていることを図解してみるとよい。この場合、アキレスはあっという間に亀を追い越すというのがわれわれの常識であるから、ゼノンの議論は確かにパラドックスである。しかし、ゼノンの論理に論理として対抗しようとすると、これはけっして簡単ではない。「だって現実に追いつけるだろ」というのでは、論理として対抗したことにはならないだろう。

このように無限を図形という容器からとり出し、完結した「モノ」ではなく、運動という「コト」に関連させたとたん、無限はその牙をむきだしたのであった。このような議論は無限とり扱いマニュアルが完成するまで続くのであるが、別の例として次の無限のたし算を考えてみよう。

無限のパラドックス

$1-1+1-1+1-1+\cdots$

という無限個の数の和はいくつになるのだろうか。奇数番目までたすと1、偶数番目までたすと0になる。

では「無限番目」は奇数番目なのだろうか、それとも偶数番目なのだろうか。

これは次のような、いわゆる「無限機械」の話になおすこともできる。電燈が一つある。スイッチを入れるという動作を1、スイッチを切るという動作を −1 としよう。一分ごとにスイッチを入れたり切ったりする。最初の一分間は電燈は点燈している。次の一分間電燈は消燈している。以下これを繰り返して最初から奇数分たった時は点燈、偶数分たった時は消燈ということになる。さて無限の時が過ぎ去った後、このランプはついているのだろうか。それとも消えているのだろうか。

そもそも無限の時が過ぎ去った後などというのを考えることは無意味であるという人は、このスイッチ操作を最初の1分間、次の1/2分間、次の1/4分間…として見るとよい。なんと、二分間がたった時点で 1−1＋1−1… という操作は完結している。では二分後、ランプはついているのだろうか、それとも消えているのだろうか。もちろんこのスイッチ操作も現実に実行することは不可能である。しかし二分後がやってくることもまた確実である。つまり論理的に 1−1＋1−1＋… という和を考察することにはちゃんと意味があるのである。

このためには無限という「コト」のもっと単純な場

合、たとえば、ある変数がいくらでも大きくなる、とか、ある変数がどんどん小さくなるということの意味、すなわち数学用語でいうところの収束の概念をきちんとしておく必要があった。これをしないで上の問題を扱うと、次のような事態も生じてくる。

$x = 1-1+1-1+1-\cdots$
$\quad = 1-(1-1+1-1+\cdots)$
$\quad = 1-x$

だから $2x = 1$ したがって $x = 1/2$

これでは事態はさらに錯綜するばかりである。そのためにも先に述べた「どんどん」という「コト」の部分をしっかりと捉えておかなければならない。

「コト」としての無限

この、いくらでも小さくなるということは微分積分学の最も基本的な部分に顔を出す概念で、本来ならば、微分積分学の完成者としてのニュートン（1642-1727）やライプニッツ（1646-1716）によってきちんと整備されるべきものであったが、微分積分学の完成者たちはそこの厳密性は後まわしにして先を急いだのである。もちろんニュートン、ライプニッツの天才たちは「コト」としての無限の扱い方を本能的、直観的に察知し誤った道に踏み込むことを未然に防いだのであったが、そのあいまいさをついたバークリー（1684-

1753）との論争は有名である。

バークリーは言う。0÷0は意味を持たない化物のようなものだ。まさしくバークリーの言うとおり、ニュートンのやり方は、最初Δxは非常に小さい数であるが0ではないからΔxで割り、最後にはΔxは非常に小さいから無視してしまう、すなわち0にしてしまうという一種手品めいたトリックとも見える。

しかし、それでもなお、微分学は力学的世界観を形成する最有力の武器となり得た。ニュートンやライプニッツによる直観的な無限の扱い方の背後には、きちんとした無限とり扱いマニュアルが隠されていたからである。

納得と説得の違い

では、たとえば$1/n$はnをどんどん大きくしていくときいくらでも0に近づくということを、正確にとり扱うにはどうしたらよいのだろうか。これをきちんと基礎づけたのが19世紀のコーシー（1789 - 1857）であった。このマニュアル製作により、コーシーは近代解析学の父と呼ばれている。

その扱い方は後で見ることにしてもう一度、$1/n$はnをどんどん大きくするといくらでも0に近づく、という文章を注意深く解読してみてほしい。これは本当にそれほど分かりにくい文章だろうか。どんどんとか、

いくらでもとかいう言葉はたしかに感覚的、情緒的と言えるかもしれないが、それにしても上の文章はそれこそ感覚的、情緒的にはちゃんと納得できるのではないだろうか。このような無限に対する直観的な理解は人間の中に生まれつきインプットされていると考えられる。

だが、このように直観的、情緒的に納得できていることを、この事実に懐疑的な第三者に伝えようと試みるとき、このような納得、理解の仕方では大きな壁につき当たってしまう。他人を説得することと自分が納得することは、ともに人間の中に内在する固有の論理にしたがって行われると考えられるが、その論理の表層への表われ方には重大な違いがあり、その一方にわれわれは直観的とか情緒的とかいう名前をつけているのである。つまり第三者と無限を共有するためのマニュアル、それが「コト」としての無限の扱い方なのである。

コーシーによる無限とり扱いマニュアル

ではコーシーの開発した方法を眺めてみよう。これは一般には $\varepsilon\text{-}\delta$ 法（イプシロン・デルタ法と読む）と呼ばれているが、ふつうには大学初年級の理工系学部で教えられているはずである。

なるべく単純な場合、たとえば n^2-n は n を $1, 2,$

3,… と大きくしていくとき、いくらでも大きくなるということについて考えてみる。この事実を定性的にではなく定量的に理解するために、この事実を否定してみよう。

ここにもあの、時代の叫び声、ハイリホーがかすかに響いてくるが、とにかく、n^2-n がいくらでも大きくなることはないとしてみよう。するとある一定の限界、G（G はある数）があって、n をどう動かしても n^2-n は G を越えることができないということになる。すなわち、任意の n について、$n^2-n \leq G$ となる。ところが、$n^2-n = n(n-1)$ であるから、G がどれほど大きな数であろうと整数 n を $n-1$ が G より大きくなるようにとっておけば常に、$n(n-1)$ は確実に G より大きくなってしまう。したがって n^2-n に限界 G があるという仮定は誤りであり、n^2-n はいくらでも大きくなれるということが分かる。

この、どのような限界を設けても、その限界を越えることができるという事実が、どんどんとか、いくらでもとかいうことの本質であった。

これと同様に $1/n$ がいくらでも小さくなれるということを調べてみよう。今、$1/n$ がいくらでも小さくなれるということを否定して、ある限界 ε（ε は小さい数）をとり、$1/n$ は ε を越えて小さくはなれない、すなわち、任意の n について $1/n \geq \varepsilon$ としてみよう。す

ると逆数をとって、$1/\varepsilon \geqq n$ が任意の n について成立することになるが、これはおかしい。なぜなら $1/\varepsilon$ がどれほど大きな数であろうともそれより大きい整数 n は確かに存在するから、そのような n については常に $1/\varepsilon \geqq n$ は成立せず、$1/\varepsilon < n$ となり、したがって $1/n < \varepsilon$ となってしまう。つまり限界 ε は乗り越えられてしまったのである。

このようにして $1/n$ が小さくならないということは否定され、$1/n$ はいくらでも小さくなることが示された。これを記号で

$$\lim_{n\to\infty}\frac{1}{n} = 0$$

と書くのである。ここまでくるともう、無限とり扱い説明書は完成したようなもので、数 $a_1, a_2, a_3, \cdots$ がいくらでも数 a に近づくということがきちんと形式化されそうであるが、あと一点、解決しなければならない問題が残っている。

それは、たとえば、$1, -1, 1, -1, \cdots$ と続く数の列はある一定数にいくらでも近づくといえるのだろうかという問題である。これにはさまざまな見方があると思うが、現代数学では、これは一定数には近づかないと解釈するのである。確かに 1 と -1 の値しかとらないのだから、その値に近づくといってもよさそうだが、1 なのか -1 なのか最後まで確定しない。これ

を数学用語では振動するといい、一定数とはみなさないのである。このことをふまえて、数 $a_1, a_2, a_3, \cdots$ が数 a に近づくということを次のように形式化する。

どのような限界 ε を設けようとも、番号 n を一定数 N より大きくとれば常に、a_n と a との差は ε 以下にできる（$|a_n-a|<\varepsilon$ とできる）、これを式を用いて、

$$\lim_{n\to\infty} a_n = a$$

と表現するのである。上の文章の中にどんどんとか、いくらでもとかいう概念はすべて包含されてしまっていることに注意しよう。無限という「モノ」を図形の檻(おり)から解き放ち、無限という「コト」にしたとたん、この怪物は暴れはじめたのだったが、かくして19世紀になり、ようやく、数学はコーシー、ワイエルシュトラス（1815-1897）などの手によって無限という「コト」を手なずけることに成功したのである。

「モノ」と「コト」

さて、われわれは三つの点にしぼって古典数学がどのように「モノ」離れをしてきたのかを眺めてみた。代数学は方程式という「モノ」を方程式が解けるという「コト」として見なおすことによって、抽象代数学へと脱皮していった。抽象代数学はその後、記号化が進み、とり扱う代数的構造をさらに多彩なものとし、

現代数学の中に確固たる地位を占めることになった。

この記号化による統辞体系の完成という「コト」は数学全体を大きく変化させずにはおかなかったのである。とくに二番目に扱った非ユークリッド幾何学発見の歴史の中でもふれたように、公理の無矛盾性の問題と記号化の問題はしっかりと結びつき、現代数学を無意味な記号列とその変形規則であるとする見解を生じさせるにいたった。

イギリスの数学者・哲学者であり、また反戦運動家としても著名であったバートランド・ラッセル（1872-1970）は、「数学はみずからが何を語っているのか知らない学問である」と言ったが、これはその辺の事情を物語っているのであろう。またヒルベルトが、点、直線、平面のかわりにテーブルと椅子とビールジョッキで幾何学ができると語ったのも同様の事実を指している。

すなわち、現代数学では点とは何か、直線とは何かということは定義せず、点と直線の関係のみに関心を払うのである。

このような数学全体の公理化、記号化が、20世紀に入り、数学に何をもたらしたか、これが現代数学の創り出したパノラマを観賞するときの一つの足場である。

また無限の問題についても、コーシーの無限とり扱い説明書によって確かに「コト」としての無限を手な

ずけることができた。これは19世紀までの数学の最も大きな成果の一つである。

　しかし、逆に、記号化にともなって再び「モノ」的無限が浮上してくることを抑えることができなくなった。「コト」としての無限のとり扱いはε-δ法でうまくいったけれど、「モノ」としての完結した無限はどうなるのか。$1-1+1-1+1-\cdots$はどんな一定数にも近づかないという意味で和を持たない。しかしスイッチ操作は抽象理論としては二分後を迎えることができる。このような「モノ」としての無限を扱うことはできないのだろうか。これは現代数学に残された大きな課題であった。

　それに答えるべく考えだされたのがカントール（1845-1918）による集合論である。この集合論は現代数学の大枠をしっかりと定めることになったのだが、実はこの枠組みは、最初の段階ではあまりしっかりとはしていなかったのである。このことについては第2章、集合論でふれることにするが、ここに現代数学の新たな出発が始まるのである。

2 — 無限の算術・集合論

1　再び「モノ」的無限へ

　無限という言葉から、人はどのようなイメージを思い浮かべるのだろうか。無限に広がる宇宙、はるか雲の彼方へとまっすぐに延びる直線、いくらでも大きくなっていく数、あるいは、円周上を何回も何回もまわり続ける点、など、無限に対するイメージはたくさんあると思うが、鉛筆で何気なく引いた一本の線分の上に無限個の点があることに気づく人は少ないかも知れない。

　図形を点が集まったものと見なすと、そこには、無限個の点として無限が顔をのぞかせているはずである。この図形という容器の中に閉じ込められた「モノ」としての無限は、前章で述べたようにすでにギリシア時代にもあった。もちろん、それが無限という「モノ」としてはっきりと意識され、きちんとした扱いを受けていたわけではなかったかも知れないが、それにしても、数学はその最初から無限を扱う学だったのである。

　その後、この図形という容器からあふれ出た「コト」としての無限が、古代、中世、近代を通してどのような猛威をふるったかは、前章で見たとおりである。そのさまざまな無限のパラドックスをきれいに整理し、

「コト」としての無限を扱うマニュアルを開発し、すべてをプロセスの問題として形式化してみせたのがコーシーだった。これは19世紀の数学の偉大な勝利であったが、形式の中に封じ込められた「コト」としての無限の陰で、巨大化した「モノ」としての無限がじっと、その出番をうかがっていたのである。その出番は19世紀末にやってきた。

超越数 π、e の問題

19世紀の数学の一つの話題は昔からよく知られていた二つの数、円周率 π と自然対数の底(てい) e の超越性の証明である。

あまり意識されないことかも知れないが、円はすべて相似形であるから、円周の長さはその直径に正比例する。その比例定数を π という記号で表わし、これを円周率と呼ぶ。π がほぼ 3.14 という値をとることは経験的に知られていたし、その値をさらに詳しく計算することも昔からよく行われていた。コンピュータのなかった時代、π の値を計算することはかなり根気のいる仕事だった。

手仕事の計算としてはオランダのルドルフ（1540-1610）による小数点以下35桁とか、日本の建部賢弘(たけべかたひろ)（1664-1739）による小数点以下41桁、同じく松永良弼(まつながよしすけ)（1690?-1744）による小数点以下50桁などがあり、

最長記録はシャンクス（1812-1882）による小数点以下707桁である（ただし、この計算は528桁目に誤りがあった）。

e は π ほどポピュラーではないが、$(1+1/n)^n$ の n を無限大にしたときの極限、または $1+1+1/2!+1/3!+\cdots$ の和として定まる定数で、微分積分学ではとくに重要な数である。

現在では、π、e ともにコンピュータを用いて小数点以下100万桁以上計算されている（注：現時点での記録は金田康正による2兆桁）。

π が循環しない無限小数（このような数を無理数という）であることは、1766年にランベルト（1728-1777）によって証明されていたが、実はさらに、π が有理数を係数とするどのような代数方程式の解にもならない（このような数を超越数という）ことがオイラー（1707-1783）によって示唆されていた。同じ無理数でも $\sqrt{2}$ や $\sqrt[3]{2}$ などはそれぞれ方程式 $x^2-2=0, x^3-2=0$ の解となる数で、このような数を代数的無理数と呼ぶ。

ここで、無理数は循環しない無限小数で表わされるが、循環しないということと、規則性がないということとはまったく別であることを注意しておこう。たとえば、1.010010001… や、1.23456789101112… などという数はまったく規則的に作られているにもかかわら

ず、明らかに循環しない。また、$\sqrt{2}$などは小数として見ると規則性が表われないが、無限に続く分数（連分数という）で表示すると、次のような見事な規則性が表われる。

$$\sqrt{2} = 1+\cfrac{1}{2+\cfrac{1}{2+\cfrac{1}{2+\cdots}}}$$

さて、πの超越性については、1882年にリンデマン（1852-1939）がその証明に成功したが、eの超越性については、それ以前の1873年にエルミート（1822-1901）によって証明されていた。しかしながら、これらの数の超越性の証明はいずれも断片的、個別的であり、当時、πとe以外には具体的に知られた超越数は存在していなかった。

たとえば、超越数の候補者として、オイラーの定数γという数があり、

$$\gamma = \lim_{n\to\infty}\left(1+\frac{1}{2}+\frac{1}{3}+\cdots+\frac{1}{n}-\log n\right)$$

で定義されるが、γについては現在も、無理数であるか否かも証明されていない。また$e+\pi$などという数も当然超越数であろうと予想されるが、これも未解決である（e^πの超越性はゲルフォント〔1906-1968〕に

より1929年に証明された)。超越数に関してはその後20世紀に入りヒルベルトにより問題が定式化され、かなりの進展を見た部分もある。

集合論の登場

ところが、ここにまったく別の方面から思いもかけない結果がもたらされた。そして、それこそが、集合論の衝撃的なデビューだったのである。集合論とはその名のごとくものの集まり、集合を直接にとり扱う数学の分野であり、19世紀の終わりにカントール（1845-1918）によって創り出された。

カントールはもともと三角級数の研究から集合論を考えついたらしいが、無限を数える方法を創りあげ、それによって超越数の問題について、まさに画期的な定理を証明したのである。さらに集合論は20世紀の数学に向かって新しい場を提供したのであったが、その場をめぐってさまざまな議論が戦わされることになる。

では、このカントールの創りあげた集合論は無限をどのように扱っているのであろうか。「モノ」としての無限を「コト」としての無限として捉えなおし、その「コト」的無限を見事に手なずけたのがコーシーなら、その「コト」的無限にあきたらず、再び「モノ」としての完結した無限に果敢に挑戦し、緒戦に大きな戦果を上げながら、後半戦、「モノ」的無限の反撃に

遭い、傷つき敗れ去ったのがカントールであった。やはり、「モノ」としての無限は、コーシーのプロセス主義の陰に隠れながら、巨大化していたのである。

集合論の最初の金字塔

完結した「モノ」としての無限、すなわち数え上げられてしまった*すべての自然数*、こういうものをわれわれは簡単に思い浮かべることができるものなのだろうか。これはじっくり考えてみると無理かなという気もする。一方、自然数全体といわれてみると、何となく分かったような気もする。とにかく、この分かったような気分を追求してみよう、とカントールも考えたのかもしれない。

彼はまず「モノ」としての無限に名前をつけることから始めた。

名づけてしまう、という行為は人間のさまざまな営みのうち最も重要なものの一つである。かつて安部公房はトーマス・マンを引いて次のように語った。「つまり、たとえば、*ライオンにまだ名前が与えられていなかったとき*、それはまったく得体の知れない怪物であり、人間はそれに対して闘うすべもなく、ただおびえる以外になかったのだが、一度それにライオンという名前がつけられてしまうと、ライオンもけっきょくはライオンにしかすぎず、いくら手強い相手だとは言

え、いずれは撃ち斃すことの可能な獲物になってしまうと言うわけだ」（『砂漠の思想』講談社、1965）

確かにカントールのやった仕事はそれにライオンと名づけた仕事に似ている。ただ、このライオンは並のライオンよりずっと手強く、名づけ親であるカントールをも呑み込んでしまったところがちょっと、あるいは、非常に、違う点である。

集合の名づけ親カントール

ではカントールがどんなものにどんな名前をつけたのかを、彼の原論文（1895）から引用する（訳文は『岩波数学辞典』第三版による）。
「集合とはわれわれの直観または思考の対象で、確定していて、しかも互いに明確に区別されるもの（それを集合の元という）を一つの全体としてまとめたものである」

これがカントールによる集合の定義である。この定義で大切なことは、集合の元はわれわれの直観または思考の対象となるものだという点である。つまりものの集まりとはいえ、カントールが考えていたものとは抽象的な存在であって、リンゴとか自動車とかいうものの集まりとはちょっと異質なのである。集合 X を記号で $X = \{x | x は性質 P(x) を持つ\}$ と書く。

この定義にしたがうとき、自然数全体は、$N =$

$\{x|x$ は自然数$\}$ と書けて、それこそ自然に集合となることが分かる。また数 x が自然数であること、すなわち x が N の元であることを $x \in N$ という記号で表わす。たとえば、$1 \in N$、$1988 \in N$、などである。一方、-1 とか、π とか、$1/2$ とかは自然数ではないので N の元とならない。これを、$-1 \notin N$、$\pi \notin N$、$1/2 \notin N$ などと書き、それぞれ、-1 は N に属さないとか、π は N の元でないとか、$1/2$ は N に入らないなどと読む。

では実数全体は集合となるだろうか。これはちょっと微妙な点があるかも知れない。というのも、われわれは実数とは、と言われたとき、とっさに実数とはこれこれこういう数だ、と答えられるかどうか不安な点もあるからである（ちなみにあなたは実数とはという問いにうまく答えられますか。実数とは有理数と無理数を合わせた数をいう。では無理数とは何か。無理数とは実数のうち有理数でないものをいう、というのではコンニャク問答になってしまう）。

実数とは何かという問いについては、数学的にはきちんと結着がついていて、実数を決めるいくつかの方法があるが、ここでは実数とは、有限または無限の小数の全体であるとしておこう（これは実数の定義としてはすっきりとしているが、無限小数どうしをかけるとはどういうことかがあいまいになる欠点がある。つ

まり、〝最後の〟桁からかけ始めることができないので繰り上りがはっきりしない。試みにπを無限小数で表わし、π×πを計算してみるとよい)。

こうして実数を決めれば、実数全体も一つの集合となる。この集合を R という記号で表わす。$-1 \in R$、$\pi \in R$ などとなる。さらに有理数、すなわち0とすべての正負の分数の全体も集合となるが、この集合を Q と書く。ここで三つの具体的な集合 N、Q、R が手に入った。カントールはこれらの集合の相互関係を調べるために、一対一対応という概念を考えた。

一対一対応

ものの個数を数えるとはどういうことだったのかを反省してみよう。机の上にミカンが何個かある。その個数を数えるということは、そのミカンに一つずつ番号をふっていくことであり、その番号が16で終われば、ミカンは16個あったことになる。

一方ここに何人かの人がいて、いくつかの椅子があるとき、どちらが多いかを比べるためには椅子一脚に人一人を座らせてみればよい。椅子が余るか、人が余るかによって、どちらが多いかが分かるだろう。これを先のミカンを数えることと対比させてみる。すなわちミカンを椅子と考え、無限人の番号づけられた人がいると考え、ミカンの椅子に順に座らせていくと考え

るのである。椅子が満席になったときの人の番号が椅子の脚数となる。このようなアイデアを一対一対応の原理という。

実はこのアイデアは小学校の運動会のとき、玉入れ競技の勝敗を決めるのに使われているので、誰でもよく知っていることである。ところが、このポピュラーなアイデアがいったん無限のものの集まりに応用されたとたん、はなはだ奇妙な結論を生みだすことになったのである。

無限を数える

X, Y を二つの集合とする。X の元と Y の元の間にうまく対応をつけ、X の元と Y の元が過不足なく一対一に対応するようにできるとき、X と Y は同じ基数（または濃度）を持つといい、X の基数を $|X|$ という記号で表わすことにしよう。X が有限個の元からなる集合のときは、X の基数とは X の元の個数のことであり、基数とは一対一対応の考えをテコにして個数の概念を無限の場合にまで拡張したものと考えることができる。

ここで一つ、自明ではあるが重要な事実を指摘しておこう。それは X, Y が有限集合でかつ同じ基数、すなわち同じ個数の元を持つとき、どのように対応づけても一つの元に一つの元を対応させている限り、必ず

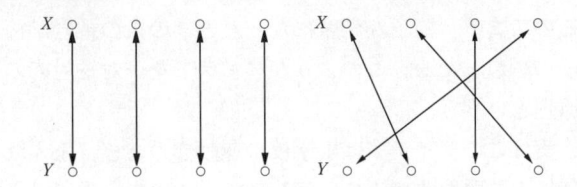

一対一対応となっているという事実である。

　別の言葉で言えば、X, Y が有限集合のとき、ある方法で X の元と Y の元の間に一対一の対応がつけば、他のどんな方法でもきちんと一対一の対応がつく。ある方法で一対一の対応がつかなければ、他のどんな方法でも一対一の対応はつかないということである。もう一つ、有限集合 X が有限集合 Y の一部分である（$X \subset Y$ と書く）なら必ず、X の個数 $|X|$ は Y の個数 $|Y|$ より小さくなるという事実も当然ではあるけれども注意しておこう。これが当然であるという感覚は自然な感覚であって、たとえばユークリッドはこれを公理として採用し、「全体は部分より大きい」としている。ところが、これらの自然な感覚は無限という「モノ」の前でもろくも崩れ去るのである。

無限という怪物

　まず手始めに自然数の集合 N と偶数の集合 E との比較から始めよう。

　$N = \{1, 2, 3, \cdots, n, \cdots\}, E = \{2, 4, 6, \cdots, 2n, \cdots\}$ である

が、明らかに偶数は自然数の一部分であり前に用意しておいた記号を用いれば、$E \subset N$ となっている。ユークリッドの公理「全体は部分より大きい」を用いれば偶数の基数は自然数の基数より小さい、感覚的には、偶数の個数は自然数の個数の半分というところであろう。そして確かにごく自然な対応、

N: 1,　2,　3,　4,　5,　6,　…,　$2n$,…
　　　　↕　　　↕　　　↕　　　　　↕
E:　　2,　　　4,　　　6,　…,　$2n$,…

によれば、自然数のうち奇数はすべて対応もれということになり、自然数の個数は偶数の個数より奇数の個数分だけ多いことになるだろう。ここで前に述べた注意を思い出してほしい。自然数や偶数の集合が有限集合であれば、確かにこの対応づけで自然数の基数が偶数の基数より大きいということになる。だが、われわれが相手にしているのは無限集合という怪物である。念には念を入れて、他に対応をつけることができないかどうか、一応調べてみよう。

そこで偶数の方を前につめてしまって対応をつけてみる。

$$N: 1, \quad 2, \quad 3, \quad 4, \quad \cdots, \quad n, \cdots$$
$$\updownarrow \quad \updownarrow \quad \updownarrow \quad \updownarrow \qquad \updownarrow$$
$$E: 2, \quad 4, \quad 6, \quad 8, \quad \cdots, \quad 2n, \cdots$$

なんと驚くべきことに、この対応によると自然数と偶数とは過不足なく一対一に対応しているではないか！　番号 n の人は番号 $2n$ の椅子にちゃんと座っている。逆に番号 $2m$ の椅子には番号 m の人が座っている。宮沢賢治のざしきぼっこではないが、一人も同じ顔がなく、一人も知らない顔がなく、である。この事実をきちんと認め、尊重する限り自然数の基数と偶数の基数は等しいといわざるを得ない。

すなわち「全体は部分より大きい」という公理は無限という「モノ」については成立しないのである。同じように奇数全体の基数も自然数の基数と等しいことが分かる。だがおびえてばかりはいられない。安部公房のライオンにならって、$|N|$ に名前をつけて、なんとかこれを手なずけてしまおう。

$\aleph_0$ アレフゼロ

自然数の基数を数学では $\aleph_0$（アレフゼロ）または可算基数と呼ぶ。かくして、自然数の全体も、偶数の全体も、奇数の全体もすべて $\aleph_0$ 個あることになる。またどのように大きな自然数 n をとっても、$n < \aleph_0$

である。

さて、この $\aleph_0$ という〝数〟を使って他の無限集合の大きさを測ってみたらどうなるだろうか。他の無限集合として、有理数の集合 Q と実数の集合 R があったから、まず有理数の基数について調べてみよう。

自然数がとびとびに並んでいるのに対して、有理数は見たところ、べったりと並んでいる。つまり自然数 3 については〝その次の〟自然数 4 を指定することができる。しかし有理数については有理数 1/2 の〝次の〟有理数を指定することは一見したところできそうにない。つまり有理数は自然数に比べて圧倒的に多そうに見える。だが本当にそうなのだろうか。われわれの相手にしているのは怪物である。油断はできない。果たして、実は次のようなうまい方法で、自然数と有理数は一対一の対応がつくのである。

xy-平面上 $y \geqq 0$ という上半分の平面を考え、その上の格子点（x 座標、y 座標がともに整数であるような点）(m, n) を考え (m, n) に有理数 n/m を対応させる。ただし $m = 0$ の点はとばすことにする。この有理数を次ページの図のように順に並べていこう。

ただし有理数 Q の方は一度出てきた数はとばして並べることにする。このように並べると 1/2 の〝次の〟有理数として 2 をとることになる。この並べ方が数の大小関係を無視していることに注意してほしい。

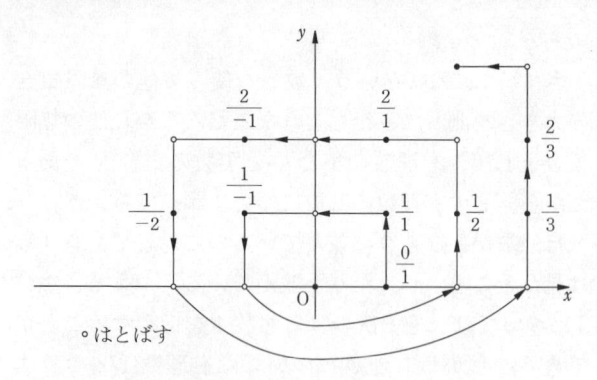

$$
\begin{array}{c}
\dfrac{2}{-1} \qquad \dfrac{2}{1} \qquad \dfrac{2}{3} \\[2mm]
\dfrac{1}{-2} \qquad \dfrac{1}{-1} \qquad \dfrac{1}{1} \qquad \dfrac{1}{2} \qquad \dfrac{1}{3} \\[2mm]
\dfrac{0}{1}
\end{array}
$$

∘はとばす

$$
\begin{array}{cccccccccc}
N: & 1, & 2, & 3, & 4, & 5, & 6, & 7, & 8, & 9, & 10, & \ldots \\
& \updownarrow & \updownarrow & \updownarrow & \updownarrow & \updownarrow & \updownarrow & \updownarrow & \updownarrow & \updownarrow & \updownarrow & \\
Q: & 0, & 1, & -1, & \dfrac{1}{2}, & 2, & -2, & -\dfrac{1}{2}, & \dfrac{1}{3}, & \dfrac{2}{3}, & \dfrac{3}{2}, & \ldots
\end{array}
$$

大小関係を無視することによって、自然数と有理数とは一対一に対応づけられるのである。したがって有理数の個数もやはり $\aleph_0$ 個ということになる。自然数に比べて圧倒的に多いと思われた有理数も実は自然数と同じ個数しかないのである。

では、実数 R についてはどうだろう。これも $\aleph_0$ 個しかないとなれば、実は無限個あるということは $\aleph_0$ 個あるということの別名ということになるのかも知れない。ここまでくると、こう考えることも自然に見えてくる。ところが、カントールが示した事実は、そうはならない、つまり実数は自然数に比べると本当にた

くさんあるということだった。これを証明するためにカントールが考案した画期的な方法、それがカントールの対角線論法といわれる巧妙な方法である。

対角線論法

対角線論法というのは一種コロンブスの卵のようなところがあって、考え方そのものはそれほど難しいものではない。まず、次のようなゲームを考えてみよう。

$n \times n$ の正方形のます目（将棋盤）を考え、そのます目の一つ一つに 0 から 9 までの数字を勝手に書き込む。この数字を横に見て n 桁の数とみよう。つまり n 桁の数がたてに n 個並んでいると見るのである。

3	7	2	4	1	1	6
9	8	7	6	5	4	3
2	9	8	3	0	1	2
3	3	1	4	1	4	6
2	2	3	6	0	6	7
1	7	3	2	0	5	0
4	6	5	9	3	8	1

そこで、この表の中にない n 桁の数を一つ見つけたらあなたの勝ちである。

n 桁以下の数はもちろん n 個以上ある。実際0でない n 桁以下の数は $10^n - 1$ 個あるから、この表の中に出てこない数は確かに存在する。この例でいえば、8165274 はこの表の中にない。だが n が非常に大きな数、たとえば n が 10000 となったとき、あなたはその表の中にない数を簡単に見つけられるだろうか。

つまり、ここでは、再び、「モノ」としての具体的な数そのものではなく、そのような数を見つける手続きとしての「コト」が問題なのである。n がどんなに大きくなっても確実にこのゲームに勝つための手段を見つけておくこと、最後に n が無限大になっても勝てる手段を見つけておくこと、これこそが対角線論法の核心なのである。

そのためには、盤上の各 n 桁の数と少なくとも一カ所違っている数を作り、かつその異なる一カ所が重複しないようにできればよい。すなわち $n \times n$ のます目の左上から右下にかけての対角線に着目し、そこに入っている数字と異なる数字を選んで、それを並べればよい。こうして作った数は上から数えて k 番目の数と比べると、上から k 桁目が違っていることになる。したがってこの数は、この表の中に出てこない。

対角線論法を実行する

ではこのアイデアを実数と自然数に対して応用してみることにする。

証明は背理法で行われる(またしても背理法!)。

今、実数と自然数との間にうまく一対一対応がついたとしてその一覧表を実際に作ってみる。すなわち、

$N: 1, \ 2, \ 3, \ 4, \ 5, \ \cdots$
  $\updownarrow \ \updownarrow \ \updownarrow \ \updownarrow \ \updownarrow$
$R: a_1, a_2, a_3, a_4, a_5, \cdots$

なる対応を具体的に表にするのである。

N \ R	内　容
$1 \leftrightarrow a_1$	$= b_1 \ . \ \widehat{a_{11}} \ a_{12} \ a_{13} \ a_{14} \ a_{15} \ \cdot \ \cdot \ \cdot$
$2 \leftrightarrow a_2$	$= b_2 \ . \ a_{21} \ \widehat{a_{22}} \ a_{23} \ a_{24} \ a_{25} \ \cdot \ \cdot \ \cdot$
$3 \leftrightarrow a_3$	$= b_3 \ . \ a_{31} \ a_{32} \ \widehat{a_{33}} \ a_{34} \ a_{35} \ \cdot \ \cdot \ \cdot$
$4 \leftrightarrow a_4$	$= b_4 \ . \ a_{41} \ a_{42} \ a_{43} \ \widehat{a_{44}} \ a_{45} \ \cdot \ \cdot \ \cdot$
$5 \leftrightarrow a_5$	$= b_5 \ . \ a_{51} \ a_{52} \ a_{53} \ a_{54} \ \widehat{a_{55}} \ \cdot \ \cdot \ \cdot$
$6 \leftrightarrow a_6$	$= b_6 \ . \ a_{61} \ a_{62} \ a_{63} \ a_{64} \ a_{65} \ \cdot \ \cdot \ \cdot$
$7 \leftrightarrow a_7$	$= b_7 \ . \ a_{71} \ a_{72} \ a_{73} \ a_{74} \ a_{75} \ \cdot \ \cdot \ \cdot$
$\cdot$	$\cdot \qquad\qquad\quad \cdot$
$\cdot$	$\cdot \qquad\qquad\quad \cdot$
$\cdot$	$\cdot \qquad\qquad\quad \cdot$

各自然数 n に対してそれに対応している実数を a_n としてみよう。a_n は $b_n.a_{n1}a_{n2}a_{n3}\cdots$ の形に書けていて、b_n は a_n の整数部分、$0.a_{n1}a_{n2}a_{n3}\cdots$ は a_n の小数部分で、a_{nj} は 0 から 9 までのどれかの数字を表わす。

ここで小数部分の表現が二通りあることに注目しておこう。すなわち $27.64000\cdots$ は $27.63999\cdots$ とも書ける。そのため、表示は前者に統一しておくことにしよう。このとき、この一覧表の小数部分だけに着目し、ここを大きさが無限大の将棋盤とみて先ほどのゲームを行うのである。われわれはこのゲームの必勝法を手に入れてあった。すなわち次のような数 x を構成する。

この表の対角線成分 $a_{11}, a_{22}, a_{33}, \cdots$ だけに着目し、$c_1 \neq a_{11}, c_2 \neq a_{22}, c_3 \neq a_{33}, \cdots$ 一般に $c_n \neq a_{nn}$ かつ $c_n \neq 9$ となる数字 $c_1, c_2, c_3, \cdots$ を選び、これらを用いて $x = 0.c_1c_2c_3\cdots c_n \cdots$ という実数を作る。この x はこの一覧表の中に出てこない。なぜなら、x は a_1 と小数第一位で異なる。また、a_2 と小数第二位で異なる、という具合に、一般に x は a_n と小数第 n 位で異なることになり、すべての n について $x \neq a_n$ となる。

この事実は何を意味しているのだろうか。これは完成したと思った対応表が不備であった、すなわち実数の側に対応もれがあったことを意味し、したがってさかのぼれば、実数と自然数との間に一対一対応がつけ

られたということが誤りであったことを意味している。

これがカントールによって考案された対角線論法である。そのエッセンスは、「無限について語る手段は、われわれ人間の有限の言語しかない」とでもいえようか。以下にその骨子のみをとり出してみよう。

いま、数字 0, 1 だけからなる無限数列すべてを考えよう。たとえば、1, 1, 1, 1, … とか 1, 0, 1, 0, … とかである。これらの数列すべてに通し番号が打てるだろうか。仮に通し番号が打てたとして、それらの数列を番号順に並べる。ここで次のような数列 $b_1, b_2, b_3, …$ を構成しよう。すなわち a_{11} が 0 なら b_1 は 1、a_{11} が 1 なら b_1 は 0、以下一般に a_{ii} が 0 なら b_i は 1、a_{ii} が 1 なら b_i は 0 とする。

1. a_{11}, a_{12}, a_{13}, a_{14}, a_{15}, ・ ・ ・
2. a_{21}, a_{22}, a_{23}, a_{24}, a_{25}, ・ ・ ・
3. a_{31}, a_{32}, a_{33}, a_{34}, a_{35}, ・ ・ ・
4. a_{41}, a_{42}, a_{43}, a_{44}, a_{45}, ・ ・ ・
5. a_{51}, a_{52}, a_{53}, a_{54}, a_{55}, ・ ・ ・
・
・
・

こうして得られた 0, 1 だけからなる数列 $b_1, b_2, b_3,$ … は構成の方法から明らかなように、この表の中には出てこない。これだけシンプルにしても対角線論法

実数のほとんどは無理数

ところで、今度も自然数が実数の一部分であることは明らかである。したがって今度は $\aleph_0 < |R|$ となり実数の個数は自然数の個数より多いことが分かる。実数の基数 $|R|$ のことを $\aleph$（アレフ）と書くことにする。有理数 Q の個数も $\aleph_0$ であったから実数の中には有理数でない数、すなわち無理数がたくさんあることになる。

では無理数はどのくらいあるのかを調べてみよう。今、無理数全体を P とし P の個数が $\aleph_0$ であるとしてみる。したがって無理数は自然数と一対一の対応がつき無理数は $a_1, a_2, a_3, \cdots$ と並べられることになる。ここで、有理数を一列に並べたものを $b_1, b_2, b_3, \cdots$ とし、これらを次のように並べてみよう。

P と Q: a_1, b_1, a_2, b_2, a_3, b_3, $\cdots$
　　　　　↕　　↕　　↕　　↕　　↕　　↕
N : 　1,　 2,　 3,　 4,　 5,　 6, $\cdots$

これは明らかに一対一対応となる。したがって、無理数と有理数を合わせたもの、すなわち実数の個数が $\aleph_0$ となり先の結果と矛盾する。つまり無理数は $\aleph_0$ 個よりずっとたくさんあることになる。実数はそのほ

とんどすべてが無理数なのである。これは興味深い結果であるが、まだそれほど驚くべきものではないかも知れない。そこで、前にあげた超越数と代数的数について次に考える。

超越数の存在証明

有理数を係数とする方程式の解にならない数を超越数と呼び、πとかeとかが超越数の例となることは以前に述べておいた。また、具体的に知られている超越数はごくわずかであることも述べておいた。では $\aleph$ 個ある実数のうち、超越数はどのくらいあるのだろうか。それを調べるために、まず、有理数を係数とする方程式の解となる数、すなわち代数的数の集合を A とし、A の個数について考えてみよう。

これに対しても、カントールは実に見事な技巧を案出した。このようなテクニックの冴えを見ていると、カントールの、集合という「モノ」に対するアルチザン的愛情がひしひしと伝わってくる思いがする。

さて、そのテクニックとは次のようなものである。

有理数を係数とする方程式は、係数の分母の最小公倍数を全体にかけることによって整数係数であるとしてよく、必要であれば -1 をかけることによって x^n の係数 a_n は正の整数であるとしてよい。

今、方程式が $a_n x^n + a_{n-1} x^{n-1} + \cdots + a_1 x + a_0 = 0$ で

あるとき、$n+a_n+|a_{n-1}|+\cdots+|a_0|$ をこの方程式の高さと呼ぶ。たとえば、$3x^2-x+4=0$ の高さは $2+3+|-1|+4=10$ で、10 となる。高さは正の整数となるが、すべての正整数 h について高さが h となる方程式は有限個しかない。表にしてみよう。

高さ	方程式	個数
1	なし	0個
2	$x=0$	1個
3	$x+1=0$, $x-1=0$, $x^2=0$, $2x=0$	4個
4	$3x=0$, $2x+1=0$, $2x-1=0$, $x+2=0$, $x-2=0$, $2x^2=0$, $x^2+1=0$, $x^2-1=0$	8個
5	$4x=0$, $3x+1=0$, $3x-1=0$, $2x+2=0$, $2x-2=0$, $x+3=0$, $x-3=0$, $3x^2=0$, $2x^2+x=0$, $2x^2-x=0$, $2x^2+1=0$, $2x^2-1=0$, $x^2+2x=0$, $x^2-2x=0$, $x^2+x+1=0$, $x^2-x+1=0$, $x^2+x-1=0$, $x^2-x-1=0$, $x^2+2=0$, $x^2-2=0$, $2x^3=0$, $x^3+x^2=0$, $x^3-x^2=0$, $x^3+x=0$, $x^3-x=0$, $x^3+1=0$, $x^3-1=0$, $x^4=0$	28個

高さ h が大きくなるにつれて方程式の個数は急激に増加するが、有限個であることは確かであり、すべ

ての方程式はいつかはこの一覧表の中に表われる。ここでn次方程式はたかだかn個の解しか持たないので、高さhの方程式の解となる代数的数もたかだか有限個しかないことが分かる。そこでこれらの代数的数を方程式の高さが低い方から順に上の表にしたがって並べていくと、次のような対応表が作れる。

$N: 1, \ 2, \ 3, \ 4, \ 5, \ 6, \ 7, \ 8, \ 9, \ 10, \ 11, \ 12$
$\updownarrow \ \updownarrow \ \updownarrow \ \updownarrow \ \updownarrow \ \updownarrow \ \updownarrow \ \updownarrow \ \updownarrow \ \updownarrow \ \updownarrow \ \updownarrow$
$A: 0, \ -1, \ 1, \ -\frac{1}{2}, \ \frac{1}{2}, \ -2, \ 2, \ -\frac{1}{3}, \ \frac{1}{3}, \ -3, \ 3, \ \frac{\sqrt{2}}{2}$

すなわち代数的数と自然数とはこの対応で一対一に対応し$|A| = \aleph_0$となることが分かる。ここまでくると事態はかなり奇妙な色彩を帯びるにいたる。有理数に比べても圧倒的に多いと思われた代数的数（われわれが知っている無理数はほとんどすべて代数的数であったことを思い出してほしい）も実は$\aleph_0$個しかないとなると、次のような事実が浮かび上がってくる。

実数のほとんどは超越数だった！

超越数、すなわち代数的数でない実数の集合をTとしよう。代数的数と超越数を合わせたものが実数であるが、もし超越数も$\aleph_0$個しかないとすると、代数的数と超越数を交互に並べることによって再び実数も$\aleph_0$個しかないことになり、これはカントールの対角

線論法に矛盾する。したがって超越数の集合 T の個数は $\aleph_0$ 個より大きい。これこそ、集合論という革命的なアイデアでしか得られない超越数の存在証明であった。

われわれが具体的に入手している超越数は π と e ぐらいしかない。にもかかわらず、この結論によれば、実数とは、ほとんどすべてが超越数なのである。これはいろいろな意味で衝撃的な事実である。

実数という「モノ」について人間はよく知っていると思っているのかも知れないが、いったん、「コト」的とり扱いをへて、再び「モノ」として出現した無限の目で見れば、実数という「モノ」でさえ底知れぬ深淵を見せるのである。この定理は集合論という現代数学がわれわれ人類に見せてくれた最初のパノラマであり、「モノ」として無限を扱うという集合論の方法の長所をいかんなく発揮した見事な成果であった。

同じように「モノ」を扱ってはいるが、個々の具体的な超越数そのものに関心を払っていたエルミートやリンデマンの方法と異なり、集合という「コト」をへた「モノ」に関心を向けたカントールの方法は、その視点のとり方により、20世紀現代数学の出発点となったのである。

2 果てしない無限の彼方

　カントールの集合論による超越数の存在証明は、個個の具体的な超越数にいっさい触れることなく、一挙に超越数の領土を拡大したのだったが、それは対角線論法による無限の階梯(かいてい)の発見によってもたらされた。

　無限にも大きい無限と小さい無限がある！　これはギリシア時代の静的な「モノ」としての無限にも、またコーシーによって手なずけられた動的な「コト」としての無限にも考えられないことである。限り無さにも違いがある、これこそ一対一対応という「コト」を通して初めて見ることができた無限のまったく新しい姿であった。

　いったん、このような無限の姿が見えると、数学者たちはそこを突破口として無限に対する挑戦を開始した。

　いくつかの問題が設定された。それらはどれもこの段階ではごく自然なものであった。

(1)　自然数の個数 $\aleph_0$ は実数の個数 $\aleph$ より小さい。
　　では $\aleph$ より大きな無限はあるのだろうか。
(2)　自然数の個数 $\aleph_0$ より大きいが、実数の個数 $\aleph$ より小さい無限はあるのだろうか。すなわち、$\aleph$

は $\aleph_0$ の〝次の〟無限（これを $\aleph_1$ と書く）なのだろうか。

これらの問題設定そのものが数学のまったく新しい息吹きを感じさせる。カントールも真正面からこれらの問題に挑んだのである。

平面上の点の個数

実数が数直線上の点として表現できることはデカルトの解析幾何学以来よく知られている。この図形的なイメージを使えば、有理数の全体の基数が $\aleph_0$ であるということは次のように考えられる。

すなわち、数直線上に有理数をばらまくとき、ちょっと見るとまったくすき間なくばらまかれているように見えるが、実はすき間の方がはるかに多いのであり、このすき間が無理数に他ならない。

このように、中学以来なれ親しんできた数直線というイメージを拡大していくと、平面上の点の個数、空間内の点の個数などが自然に考えられ、これらは数直線上の点の個数すなわち実数の個数 $\aleph$ より大きくなるだろうと思われる。カントールも当然そう考えた。しかし、無限という怪物はここでもその奇妙な姿を見せるのである。

平面上の点も空間内の点も（一般にさらに次元を上げた n 次元空間内の点も）一直線上の点と同じ個数

ℵ しかない。この事実を最初に証明したカントールでさえ、友人デデキントへの手紙の中で「自分はこの事実を証明した。しかし自分にも信じられない」と述べたほどだったが、しかし、これはきちんと証明された定理なのである。ではその証明をたどってみよう。

数直線を $\mathbf{R}^1$、座標平面を $\mathbf{R}^2$ という記号で表わす。$\mathbf{R}^1$ 上の点 P にはその点の座標と呼ばれる実数 a が対応している。また座標平面 $\mathbf{R}^2$ 上の点 Q に対してもその点の座標と呼ばれる二つの実数の組 (a, b) が対応している。$\mathbf{R}^1$ 上の点 P の座標 x を10進数で表示して、

$x = a_1 a_2 \cdots a_n a_{n+1} \cdots$

とする。この各桁の奇数番目と偶数番目を交互にとり出し、それを順に並べて、

$a = a_1 a_3 a_5 \cdots a_{2n-1} \cdots$

$b = a_2 a_4 a_6 \cdots a_{2n} \cdots$

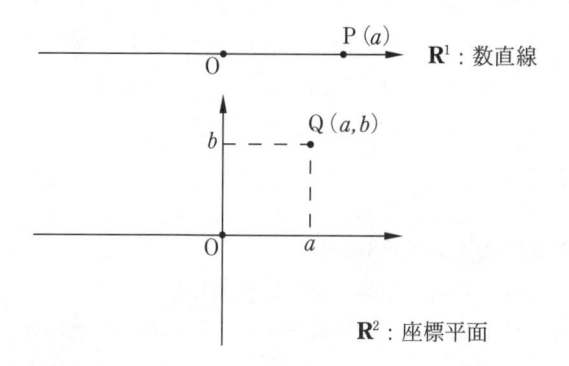

$\mathbf{R}^1$：数直線

$\mathbf{R}^2$：座標平面

という数を作り、(a,b) という座標を持つ点 Q を作る。逆に平面上の点 Q の座標 (a,b) が与えられたとき、a, b の各桁の数字を交互に並べて x を作り、x を座標に持つ点 P を作る。

このようにして直線上の点と平面上の点との間に対応をつけようというのがカントールのアイデアであるが、これをきちんと実行するためには少々技術的な腕力が必要である。カントールの最初の証明にも穴があったらしいが、現在では厳密に証明されていて、直線上の点と平面上の点は一対一の対応がつく。

このようにして次元が高いということと、点の個数が多いということは一致しないことが分かり、これは空間の次元という概念にも深刻な反省を迫ることになった。これについては第5章で詳しく述べることにする。

このようにして、より大きな基数を発見しようとする試みはいったんは挫折するが、ここで再び対角線論法が浮上する。対角線論法を一般化し抽象化することによって集合はその超巨大な姿を見せることになるのである。

対角線論法のエッセンス

これから対角線論法を順に抽象化していく。このような抽象化への志向は数学という学問の持つ宿命のよ

うなものである。対角線論法でうんざりしている読者もあろうかと思うが、抽象化されて、かえって骨格がすっきりと見えてくる場合もある。もうしばらく、カントールの議論の跡を追いかけてみよう。

実数の基数 $\aleph$ より大きな基数は実数と実数との関係の中に潜んでいた。今、実数 R から実数 R への関数（対応）全体の作る集合を F とする。

$F = \{f(x): R \to R\}$

ただし、$f: R \to R$ はたんなる対応でよく、連続関数である必要はない。さて F の基数 $|F|$ を考えよう。勝手な実数 a について $f(x) = a$（一定値）となる定数関数 f を考え、関数 f と数 a を同じものと見なすと $R \subset F$ と考えてよいことが分かる。したがって F の基数 $|F|$ は少なくとも $\aleph$ より小さいことはない。ここで、$|F| = \aleph$ と仮定してみよう。したがって F と R との間に一対一対応が存在する。今この一対一対応を一覧表にしてみる（次ページ）。

実数 a に対応する関数を $f_a(x)$ と書こう。$f_a(x)$ は実数上の関数であるから、各実数 x に対してその値 $f_a(x)$ がある。とくに $x = a$ での $f_a(x)$ の値 $f_a(a)$（対角線！）を考え、$g(x)$ という関数を

$g(x) = f_x(x) + 1$

で決めよう。これはプロトタイプの対角線論法で、対角線にそって数をずらしていったことに対応している。

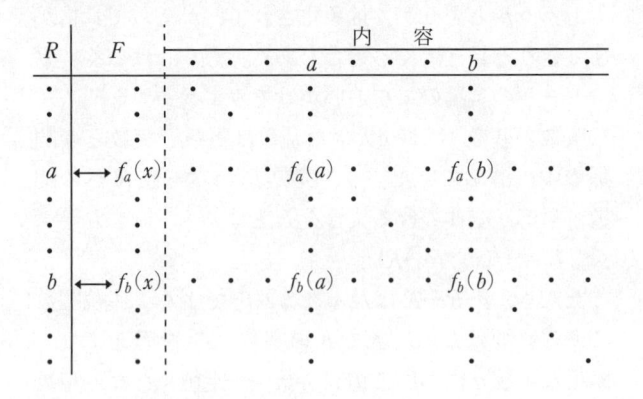

R	F	内容
·	·	· · · a · · · b · · ·
·	·	· · · · · · · · · · ·
·	·	· · · · · · · · · · ·
·	·	· · · · · · · · · · ·
a	$\longleftrightarrow f_a(x)$	· · · $f_a(a)$ · · · $f_a(b)$ · · ·
·	·	· · · · · · · · · · ·
·	·	· · · · · · · · · · ·
·	·	· · · · · · · · · · ·
b	$\longleftrightarrow f_b(x)$	· · · $f_b(a)$ · · · $f_b(b)$ · · ·
·	·	· · · · · · · · · · ·
·	·	· · · · · · · · · · ·
·	·	· · · · · · · · · · ·

さて $g(x)$ も実数から実数への関数の一つであるから $g(x) \in F$ であり、$g(x)$ に対応する実数 a が存在する。この a に対応する関数を $f_a(x)$ と書いたのだから、

$g(x) = f_a(x)$

である。ところが、この関係式に $x = a$ を代入すると、

$g(a) = f_a(a)$

一方、$g(x)$ の決め方から $g(a) = f_a(a)+1$ であるから、

$f_a(a)+1 = f_a(a)$

となって矛盾が起きた。したがって F と R が一対一に対応するという仮定は誤りであり、$\aleph < |F|$ となる。このようにして、われわれは実数より個数の多い具体

的な集合、すなわち〝実数から実数への関数の全体〟を入手することに成功したのである。

この証明が一種のループ構造になっていることに十分注意を払ってほしい。すなわち実数と F が一対一に対応がつけられるとすると、F の内容を実数を用いて表わすことができるはずであり、この循環構造が矛盾を生み出す原因となっているのである。これは最初の対角線論法についてもまったく同様である。

この構造をさらに抽象化し、エッセンスだけをとり出してカントールは次のような無限に続く無限のはしごを創りあげたのである。

無限に続く無限のはしご

X を任意の集合とする。X のすべての部分集合が作る集合を X の巾集合といい、奇妙な記号であるが、これを 2^X と書く。すなわち、

$2^X = \{Y | Y \text{ は } X \text{ の部分集合}\}$

である。X の勝手な元 a をとり、a だけからなる集合 $\{a\}$ を考え、a と $\{a\}$ を同一視すれば、$X \subset 2^X$ とみなせる。したがって 2^X の基数 $|2^X|$ は X の基数 $|X|$ より小さくなることはない。$|X| = |2^X|$ と仮定しよう。このとき X と 2^X は一対一に対応する。前の例にならってこの対応の一覧表を作ってみる（次ページ）。X の元 a に対応する 2^X の元、すなわち a に対応する X

X	2^X	内　容
		・・・　　a　・・・　　b　・・・
・	・	・　　　　　　　　・
・	・	・　　　　　　　　・
・	・	・　　　　　　　　・
a	$\leftrightarrow X_a$	・・・ $X_a \ni a$ ・・・ $X_a \ni b$ ・・・ 　　　　または　　　　または 　　　　$X_a \not\ni a$　　　　$X_a \not\ni b$
・	・	・　　　　　　　　・
・	・	・　　　　　　　　・
・	・	・　　　　　　　　・
b	$\leftrightarrow X_b$	・・・ $X_b \ni a$ ・・・ $X_b \ni b$ ・・・ 　　　　または　　　　または 　　　　$X_b \not\ni a$　　　　$X_b \not\ni b$
・	・	・　　　　　　　　・
・	・	・　　　　　　　　・
・	・	・　　　　　　　　・

の部分集合を X_a と書く。

X_a は X の部分集合であるから、X の各元 x について $x \in X_a$ かまたは、$x \notin X_a$ である。とくに X の元 a について $a \in X_a$ かまたは、$a \notin X_a$ である。これが再び抽象化されてはいるが、対角線に注目したことになっている。さて、対角線をずらしていこう。

X の元 x について、$x \notin X_x$ となる x だけを集めて X の部分集合 Y を作る。すなわち、

$$Y = \{x | x \notin X_x\}$$

である。Y は X の部分集合だから $Y \in 2^X$、したがってこの一覧表の中に Y に対応している X の元 a がある。この a に対応する 2^X の元を X_a と書いたのだから、

$$Y = X_a$$

である。さて、元 a は Y に入るだろうか。$a \in Y$ となるのは a が Y に入るための条件 $x \notin X_x$ を満足させるときであるから、x に a を代入して、$a \in Y$ となるのは $a \notin X_a$ となるときである。ところが $Y = X_a$ であるから、$a \in X_a$ となるのは $a \notin X_a$ となるときとなり矛盾である。ハイリホー！

したがって 2^X の基数は X の基数より大きい。この操作を続けていけば、2^{2^X} 以下いくらでも大きな基数を持つ集合を作ることができる。このようにして、一対一対応に源を発した無限の流れは、対角線論法を積み重ねていくことにより、果てしなく続く文字通り巨大な流れとなったのである。

連続体仮説

以上がわれわれの最初の設問に対する解答である。では、第二の設問、$\aleph$ は $\aleph_0$ の次の基数（これを $\aleph_1$ と書く。$\aleph = |2^N|$ である）であるか、についてはどうなったか。$\aleph$ は $\aleph_0$ の次の基数であるという仮説は連続体仮説と呼ばれ、20世紀の数学の最大難問の一つであった。あった、と過去形で書いたのは、この問題はある意味でコーエン（1934 - 2007）によって1963年に解決されたからであるが、この話題についてはさらに節を改めなければならない。

3　集合論内の矛盾の発見と数学の危機

カントールの集合論が数学界保守派の反論にあいながら、その基礎を固め始めたとき、その土台を根底から揺り動かす重大事件が発生した。これを数学の危機という。その最初のショックは、ラッセルによってもたらされた次のパラドックスである。

カントールによれば、集合を規定する性質はわれわれの思考、直観の対象でありさえすれば何でもよいことになる。とくに集合そのものも、このようにはっきりと定義された以上、われわれの思考、直観の対象と考えても不都合はないだろう。したがって「Xは集合である」という性質を持つXのすべてはまた集合を作るはずである。

すなわち、

$$Y = \{X | X は集合\}$$

という集合Yが考えられる。するとY自身が集合であるから$Y \in Y$ということになる。ここに、先ほど、対角線論法のところに出現した一種のループ構造が顔をのぞかせていることに注意しよう。このループ構造、すなわち自己言及性は、数学にパラドックスを持ち込む悪魔である、と同時に数学に奇妙な面白さとさまざ

まな意味での豊かな内容をもたらす豊穣の女神でもあったのである。

ラッセルのパラドックス

さて、今のところ、このような集合の集合 Y を考えることができそうだから、集合を次の二種類に分けてもさしつかえなさそうである。
(1) 第一種集合　$X \notin X$ となっている集合
(2) 第二種集合　$X \in X$ となっている集合

第一種集合はふつうの集合であり、第二種集合はやや奇矯なふるまいをする集合である。ここで Z として第一種集合全部からなる集合を考えよう。すなわち、

$Z = \{X | X は第一種集合\}$

したがって、任意の集合 X について $X \in Z$ となるのは X が第一種集合、つまり $X \notin X$ となるときに限る。X は任意の集合でよいから、とくに X として Z 自身をとってみよう。すると、$Z \in Z$ となるのは $Z \notin Z$ となるときに限るという結論が得られる。これはまさしく典型的なパラドックスである！

ここには対角線論法を抽象化し、いくらでも大きい基数が存在することを証明したときとほとんど同一のメカニズムが働いていることが分かる。これが20世紀初頭の数学界を震撼させたラッセルのパラドックスの内容である。

何も難解な理論をふりまわしたわけでもなく、「集合」という概念規定を忠実に守り、それに若干の論考を加えて得られた結果が、このようなパラドックスだったとは。カントールはここで、みずからその構造を解明する手がかりをつかんだと思った無限から手ひどい反撃を受けたのであった。

　これと時を同じくして他のさまざまなパラドックスが浮上した。それらは、記号としての言葉を形式的に用いるという「コト」と、その言葉が指し示している内容としての「モノ」に関係し、その二つの微妙なズレを巧みに突いている。たとえば、「25字以内で定義できない自然数のうち最小の自然数」という文章はある自然数を内容として指し示しているが、上の文章は24字しか記号としての「字」を含んでいない。したがって上の文章は自己矛盾している。これをふつうリシャールのパラドックスという。

数学の危機と形式主義

　このようなパラドックスを前にして、なんとか数学を再構築しようとして数学界は全力をあげた。パラドックス仕掛人ラッセル自身もホワイトヘッド（1861-1947）との共著の大作『プリンキピア・マテマティカ』（1910）を著わしこの問題を追究したが、それらの試みのうち、現代数学の主流となったのはヒルベル

ト（1862-1943）による形式主義である。

 形式主義とは、数学自体を意味を考えない記号列とその変形規則よりなる形式的なシステムとみなそうというものである。

 まず、いくつかの「公理」と呼ばれる記号列の型があり、「推論規則」と呼ばれる記号列の変形規則が与えられる。このようなシステムが矛盾を含まないこと、すなわちこのシステムの中で、たとえばAとAでないというような、互いに反する記号列が導かれないことをこのシステム内の記号および記号の変形規則のみを用いて保証しておこう、これがヒルベルトによる数学再構築の基本的アイデアである。それをめざして集合論も公理化が始まった。

 そもそも、ラッセルのパラドックスが生じた直接の原因は、「集合」という概念があまりに大きすぎたことによる。集合をカントールのように定義するとき、ふつうに考えられるようなものの集まりを扱っているうちはよいが、集合全体の集合というような巨大な概念を作りあげてしまうと、とたんにパラドックスの罠に落ちこむのである。

 そこのところを巧妙に回避して、集合論の公理系を完成させたのはツェルメロ（1871-1953）とフレンケル（1891-1965）である。二人は今日、その頭文字をとってZF-集合論と呼ばれる公理的集合論を創りあ

げた。ZF - 集合論は、八つの公理ともう一つの特別な公理（選択公理と呼ばれる）よりなる集合論で、一つ一つの公理は厳密に記号化され、形式的に別の解釈の余地がない式として述べられている。

この公理の細かい内容はここではふれることができないが、その中の一つ、正則性公理というものを用いて、$X \in X$ となるような集合 X は存在しないことが証明され、したがって、すべての集合全体というようなあまりに巨大な怪物は集合となり得ないことが示される。同様な公理系は他にも提案されたが、本質的には ZF - 集合論と同一のものになることが知られている。

この公理的集合論の出現によって集合論の内部に起きたパラドックスは一応回避されることになったのである。

公理的集合論は成功したか

では、この公理的集合論は現代数学をきちんと基礎づけることに成功したのだろうか。少なくとも現在までのところでは、それを疑う事実は発見されていない。しかしながら、先に提出した連続体仮説、すなわち $\aleph$ は $\aleph_0$ の次の基数かどうか、に関して次のような定理が証明されたのである。

まず1940年、ゲーデル（1906 - 1978）は ZF - 集合

論が矛盾しないなら、それに連続体仮説をつけ加えても無矛盾であることを示した。この結果によれば、$\aleph_0$の次の基数が $\aleph$ である、すなわち自然数全体の基数より大きい基数を持つが実数全体の基数より小さい基数を持つ集合は存在しないとしても、何ら矛盾は起きないことになる。しかし、矛盾が起きないということと、連続体仮説そのものが証明されたということは同じではないのである。

そのことを裏書きするように、1963年にいたり、コーエンによってZF-集合論に連続体仮説の否定をつけ加えても同様に無矛盾であることが示されたのである。すなわち、自然数の集合より大きい基数を持つけれども、実数の集合よりは小さい基数を持つ無限集合がいくつあったとしてもやはり矛盾は起きないのである（この結果によりコーエンは1966年のフィールズ賞を受賞した）。

これは次のようなことを意味する。われわれの構成したZF-集合論は、連続体仮説が正しいか否かを決定する力を残念ながら持っていない。このような事実に直面したとき、現在の数学者のとる態度は大きく二つに分かれるように思われる。

数学者の二つの立場

「集合」という対象が実在の対象であるとしたら、連

続体仮説のような問題は、たとえ、現在の数学のレベルでその正否をわれわれが知ることができないとしても、正しいか否かはきちんと決まっているはずである。したがって、ZF‐集合論の公理系を今一度洗いなおし、新しい公理系を構成することによって、連続体仮説を解決することができるだろう、というのが一つの態度である。ゲーデルなどはどちらかというと、このようなプラトン主義的な立場をとっていたようである。

一方、コーエンはむしろ現代数学そのものを巨大化したゲームと捉えて、その中で与えられたルールにしたがって「集合」を扱うという立場であり、ここでは「集合」は実在の対象というよりは公理的集合論という名前のゲームの駒のようなものである。

このような立場をとれば、連続体仮説が現在の ZF‐集合論の公理から独立であるということは、たとえば、将棋において突歩詰めは許されるのになぜ打歩詰めは禁止されているのかを問うことに意味がないのと同様で、独立であるという事実以上でも以下でもない。あえてどちらか一方を採用しようというのであれば、それはどちらのルールがゲームをより面白くするだろうかという視点で選ばれることになるのであろう。

この二つの立場はもちろん、どちらかが正当で、どちらかが誤っているというようなことではないが、私はどちらかといえば、楽観的プラトン主義者であり、

数学内部の観念的構成物といえども、大多数の数学者の共有の認識となるものであれば、それはある種の実在の対象といえるのではないかと考えたい。

集合は確かに、自動車やテレビやリンゴ、机などという意味での実在ではないかも知れないが、数学の長い歴史を見れば、数学の扱ってきた対象といえども、時代や文化そのものが総体として生み出してきた観念としての実体を持っているといえるのではないだろうか。

さて、無限とり扱いマニュアルに収まりきらない「モノ」としての無限を直接扱う数学としての集合論を見物してみた。観光旅行であるから、細部に立ち入ることはできなかったし、ガイドの不案内もあり、本当にただ眺めるだけの旅ではあったが、一応その成立から最先端にいたるパノラマを見てきたつもりである。

素朴な立場の集合論は確かに自己矛盾を含んではいたが、それでもなお、この集合的なものの見方が重要であることに変わりはないし、実際、意識するとしないとにかかわらず集合はすべての数学、なかんずく、初等算数・数学教育の最も基本的な部分に顔をのぞかせているはずである。このガイドマップを手に、かつて苦労して歩いた道を再びたどってみるのもまた面白いのではないかと思う。

3 — 柔らかい空間・トポロジー

1 近さの発見から位相空間へ

　第1章で述べたように、19世紀における非ユークリッド幾何学の発見は、ユークリッド空間を二千年間続いた唯一絶対の空間の座から追い落としてしまったのだったが、そのおかげで、幾何学は抽象空間の探究というまったく新しい20世紀的主題を発見したのである。これは「モノ」としてのユークリッド空間に近さという「コト」的主題を導入することによってなされた。

　われわれが近さを考えるとき、いちばんよく使う方法は距離や長さを比較することであり、比較によって近いとか遠いとかいうことができるようになる。そこで近さという概念をとりあげる前にまず距離という概念が持つ性質を眺めてみよう。われわれの住んでいるこの空間、いわゆる三次元ユークリッド空間、この空間の中では空間内の二点 P, Q に対してその二点間の距離を"測る"ことができる。この二点間の距離を $d(P,Q)$ という記号で表わす。この $d(P,Q)$ は P, Q によって決まるある実数であるが、次のような性質を持っている。

(1) $d(P,Q)$ は負の数にはならない。とくに $d(P,Q) = 0$ となるのは P と Q が一致する場合に限る。

(2) $d(P,Q) = d(Q,P)$ である。すなわち P, Q 間の距離はどちら側から測っても同じである。
(3) $d(P,Q) + d(Q,R) \geq d(P,R)$ である。すなわち三角形の二辺の長さの和は他の一辺の長さより大きい。これを三角不等式という。

(1)、(2)、(3)とも現実の距離が持つ性質のエッセンスをとり出したものである。とくに(3)は菊池寛によれば現実に役立った唯一の数学だそうである。

この三つの性質からユークリッド空間内の長さに関する性質をいろいろと導くことができるが、とくに、
$d(P,Q) < d(P,R)$ のときQの方がRよりPに近い、といえることに注意しておこう。そもそも距離については、より近いとか、より遠いとかいう比較でしか何も言えないという事実は大切である。これが第1章で述べた無限とり扱いマニュアルの ε-δ 論法の背後に隠れているのである。つまり、〝いくらでも近づく〟ためには比較の基準と

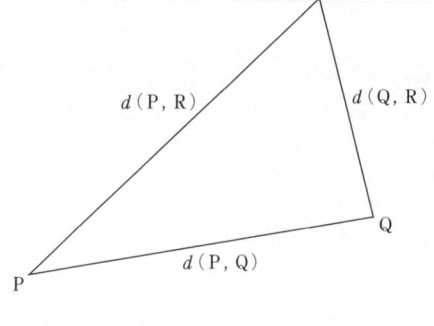

なる目盛 ε が必要なのである。

この事実に着目し、ここから純粋に距離の持つ性質だけを引き出して、ユークリッド空間を一般的な空間に作り直すことはできないのだろうか。それは可能であり、20世紀初めにフレシェ（1878-1973）によって初めて導入された。そのようにして構成された空間を距離空間という。以下にきちんとした定義を与える。

距離空間の定義

X を勝手な集合とし、X の元を点と呼ぶ。X 内の二点 P, Q に対して P と Q の距離と呼ばれる数 $d(P, Q)$ が決まり、これが前にあげた三つの性質、

(1) $d(P, Q) \geqq 0$ かつ $d(P, Q) = 0$ となるのは P = Q のときに限る。

(2) $d(P, Q) = d(Q, P)$

(3) $d(P, Q) + d(Q, R) \geqq d(P, R)$

を持つとき、X を距離空間、$d(P, Q)$ を X 上の距離という。これは、X 上の二点間の長さを測るということを抽象化したものと考えられる。

一つの集合 X に対して、X 上の距離は何種類もあり得ることに注意しよう。たとえば、X を平面とするとき、ふつうは X 上の距離として $X \ni P(x, y), Q(x', y')$ に対して $d(P, Q) = \sqrt{(x-x')^2 + (y-y')^2}$ として距離を考えるが、あえて次のような距離 $d'(P, Q)$ を考え

ることも可能である。

すなわち、$d'(P, Q)$ はP≠Qなら常に1、P＝Qなら0と決めるのである。この d' が距離の性質(1)、(2)、(3)を持っていることを確かめてほしい。この奇妙な平面 X では各点の近くには他の点は存在せず、すべての点がバラバラになっていて、かつすべての点は〝半径1の範囲内〟にぎっしりと詰まっていることになる。

もちろん、この奇妙な平面のイメージを描くことは容易ではないが、これも距離空間と呼ばれる空間の一つの例となっている。平面上にはこの他にもいろいろな距離を入れることができる。すなわち、現実の距離を抽象化することにより、空間の構造は多様になり、距離を測るというコトの本質的な部分が見えてくるようになる。

近さの概念の導入

さて X を一つの距離空間とするとき、X 内の点Pの〝近く〟という概念を距離を用いて表現することができる。今 ε を非常に小さい正の数（非常に小さいという言葉はレトリックであって、純数学的には正の数なら大きかろうと小さかろうと何でもよい）とし、Pからの距離が ε 以下の点 Q をすべて集めた集合、すなわち、

　　$\{Q \mid d(P, Q) < \varepsilon\}$

を点Pのε-近傍といい、$U_\varepsilon(P)$と書く。この$U_\varepsilon(P)$が点Pの近くということの数学での表現である。

εを小さくしていくと$U_\varepsilon(P)$はPに向かって次第に縮まっていく。つまり距離空間X内の各点Pは近傍という、Pを中心とするたまねぎ状の層をなす殻を持つことになる。この各点に付属するたまねぎ構造が距離空間Xの空間としての構造を決定していて、非常に密な殻を持つ空間も、また粗い殻を持つ空間もある。

たとえば、ふつうのユークリッド平面の各点は$\aleph$個の要素からなる殻を持つが、先に挙げたあの奇妙な平面は$\varepsilon \geq 1$なら$U_\varepsilon(P) = X$、$\varepsilon < 1$なら$U_\varepsilon(P) = \{P\}$という二枚の殻しか持たない。

このように各点に距離を用いたたまねぎ構造が考えられると、この構造を用いて極限の概念や関数の連続性の概念をきちんと与えることが可能になる。たとえば、高校の数学では、数列$\{a_n\}$がaに収束するということを、nをどんどん大きくしていけば、a_nはaにいくらでも近づく、と感覚的に定義していたわけだが、これを空間のたまねぎ構造を用いて言い替えると次のようになる。

点列$\{a_n\}$と点aがある。aに付属するたまねぎ構造の殻の中から勝手に一つ$U_\varepsilon(a)$を選ぶ。このときある番号Nより大きいnについてはどのa_nもすべて$U_\varepsilon(a)$の中に入ってしまう、このような状況のとき点

列 $\{a_n\}$ は a に収束するという。ここで、以前の定義の中にあった感覚的な文章〝どんどん大きく〟とか〝いくらでも近づく〟などが、すべて定量的な言葉に置き替わっていることが分かる。

これが一歩抽象化を進めた無限とり扱いマニュアルだが、この文章を詳細に検討してみると、重要なのは各点の持つたまねぎ構造の方で、距離そのものはすでに背後に隠れてしまっていることに気づく。ここから抽象的な空間へは、ほんの一またぎだった。

すなわち集合 X 上の各点 x に直接、x の近傍という名前のたまねぎ構造をとりつけるのである。言い替えれば各点 x に対して x に近い点の全体とはこれとこれとこれと……とする、としてまったく暴君的に近傍を決めてしまう。ただし、そのたまねぎ構造が近傍系としてきちんと機能するためには、距離を用いて構成した近傍系が持っていた性質を持たなければならないので、多少の公理を満たすことは必要である。念のためその公理をあげておく。

X 内の各点 x に対して x を芯とするたまねぎ構造が構成されているとし、このたまねぎ構造の殻の全体を $n(x)$ と書く。このとき、

(1) $n(x)$ の各殻は x を含む ($n(x) \ni U$ なら $x \in U$)。
(2) $n(x)$ の二つの殻の共通部分もまた x の殻となる ($n(x) \ni U, V$ なら $U \cap V \in n(x)$)。

(3) $n(x)$ の一つの殻 U を含む集合は x の殻となる ($n(x) \ni U$ で $U \subset V$ なら $V \in n(x)$)。
(4) $n(x)$ の殻 U に対して U より小さい殻 V が必ずとれ、V 内の点 y について U は y の殻にもなる ($n(x) \ni U$ について、$V \subset U$ なる $V \in n(x)$ が存在し $V \ni y$ について $U \in n(y)$)。

が成り立つとき、この構造を X の近傍系と呼び、近傍系を持つ X を位相空間という。この公理のうち(4)だけはちょっと内容が分かりにくいかも知れないが、次のような直観的内容を持っている。U を x に近い点の集まりとし、y を x に近い点とする(これが $V \in n(x)$、$V \ni y$ ということの意味である)。このとき、U は y に近い点の集まりとも見なせる。

こう考えると、公理(1)から公理(4)までは確かに、われわれが日常生活で考えたり使ったりしている〝近い〟という概念を抽象化したものだ、ということが見えてくる。このようにして各点に近さの構造の入った位相空間という抽象的空間を発見したのは、現代数学にとってまさにコロンブスによる新大陸発見にも匹敵する重大事件であった。まさしく数学にとって文字通りの未知の大陸が目の前に横たわっていたのである。

数学者たちは20世紀に入り、宇宙飛行士ならぬ数理飛行士（ノーマン・ケーガン作のSFの題名）となって宇宙空間ならぬ位相空間の探索へと出発した。では

その数理飛行士たちの跡を追いかけてみよう。

位相空間

Xを位相空間とする。Xの部分集合Oをとる。O内の各点xに対して、O自身がxの近傍となるとき、すなわちO内の各点がそのたまねぎ構造の殻の一つとしてO自身を持つとき、OをXの開集合という。Oはxに近い点をすべて含んでいるという集合で、直観的にはへりがない、境界を含まない集合である。今、位相空間X上に、このようにして開集合を定めると、開集合は近傍系の持つ性質によって定まる次の性質を持つ。

(1) 全体空間Xおよび空集合ϕは開集合である。
(2) $U_1, U_2, \cdots, U_n$が開集合ならば、それらの共通部分$U_1 \cap U_2 \cap \cdots \cap U_n$も開集合である。
(3) $\{U_\lambda\}$が開集合の族ならそれらの和集合$\bigcup_\lambda U_\lambda$も開集合である。

（ただし、有限、無限を問わず開集合の集まりを開集合の族という）

このように位相空間X、Y内に開集合が定まると、これを用いて写像$f: X \to Y$（Xの各点xに対してYの点$f(x) = y$を対応させる関数）の連続性を定義することができる。それは次のとおりである。

$f: X \to Y$が連続であるのはYの勝手な開集合U

に対して U の逆像 $f^{-1}(U)$ が X の開集合となるときである（ただし $f^{-1}(U) = \{x \mid x \in X$ かつ $f(x) \in U\}$ すなわち、f で移したとき U に入る点の全体を U の f による逆像という）。

これは近傍を用いた関数の連続性と同じになる。ここまでくると位相空間の概念を〝近さ〟さえも考えずにまったく抽象的に捉え直すことができる。X に近さの構造が入るとは、X 内に開集合と呼ばれる特別な部分集合の族を指定すること、だったのである。

差異化の構造

集合 X がのっぺりとしたものの集まりで、その部分集合 U もただ $U \subset X$ となる等質な集合だったのに対して、位相空間 X とは、その部分集合の族の中に差異を持ち込むことで集合 X を構造化したものだったのである。X の部分集合はこの差異化構造により何種類かの集合に分類される。そのために、開集合の双対概念である閉集合という集合を決めておこう。

X の部分集合 F は F の補集合 $\overline{F} = \{x \mid x \in X$ かつ $x \in F\}$、すなわち X から F をとり去った残りが開集合となるとき閉集合という。

このように閉集合を決めると、位相空間 X における部分集合の差異化構造は次のようになる。

(1) 開集合であり閉集合でないもの。

(2) 閉集合であり開集合でないもの。
(3) 開集合であり同時に閉集合でもあるもの。
(4) 開集合でも閉集合でもないもの。

この四種類の集合の相互関係が空間 X の位相構造を決定している。

すなわち、たくさんの開集合を持つ空間 X もあれば、ほんのわずかしか開集合を持たない空間 X もある、といった具合である。

集合 X の開集合による差異化という位相構造の発見はフレシェやハウスドルフ（1868-1942）の研究にその基礎を置くが、開集合系を直接用いて位相の導入を計ったのはヴェイユ（1906-1998）である。ヴェイユは、構造人類学者レヴィ=ストロースが婚姻関係の分析を行ったとき、その数学的構造の解析を手伝った数学者としてもよく知られている。

さてこのような差異化による位相構造の研究は当然のことながら、さらに細分化され、より細かい空間の差異化の研究となって現在にいたった。現在の位相空間論は〝近さ〟の探究という時代を通り過ぎ、抽象空間の構造の多様性の研究という主題に向かっている。これもまた、すぐれてコト的主題といえるが、個々の奇妙な空間（それぞれに奇妙な名前がつけられている。たとえば、P-空間、M-空間、σ-空間などなど）に対する数学者たちの偏愛は、かつてのモノに対する

古典的数学者の執着にも似て、アルチザン的雰囲気を漂わせているのは面白い。

ではこのような抽象空間の探索に対して図形そのものに対する幾何学はどのように発展したのだろうか。それを次節で概観する。

2　位置とつながり方の幾何学(1)
　　——グラフ理論

すでに1679年、ライプニッツはホイヘンスにあてた手紙の中で幾何学の一つの見方について述べ、幾何学においては、位置の考察以上に重要なものはないと言いきっている（ライプニッツ『位置解析について』）。

この中でライプニッツが述べている〝位置〟という概念が何をさすのか、正確には捉えきれないが、ここに今日トポロジーと呼ばれている、ユークリッド幾何学とはまったく質を異にした新しい幾何学の源の一つがあることは確かである。それは図形の長さや角度、面積といった計量的側面ではない、いわば質的な側面だけをとり出した幾何学であり、図形を〝柔らかい〟視点で捉えてみようという幾何学である。

〝柔らかい幾何学〟というのはこの場合メタファーではない。読んで字のごとく本当に図形を柔らかいもの

と考え、ぐにゃぐにゃと変形する、そのように図形をとり扱ってもなお不変に保たれている性質を研究しようという、まったく新しい視点である。

ケーニヒスベルクの橋の問題

このような幾何学、トポロジー、の最も素朴な原型はオイラー（1707 - 1783）によるケーニヒスベルクの橋の問題の解決にあるといわれる。

ケーニヒスベルクを流れるプレーゲル川にかかる七つの橋をちょうど一度ずつ渡る散歩道は存在するだろうか。試してみればすぐに分かることだが、そのような散歩はできそうにない。

だが、なぜできないのか、と問いつめられるとちょっと困る。「できないものは仕方がないだろう」で済めばいいのだが、そこをしつこく掘り下げてみようというのが数学のいやらしい点でもあるし、また面白い点でもある。

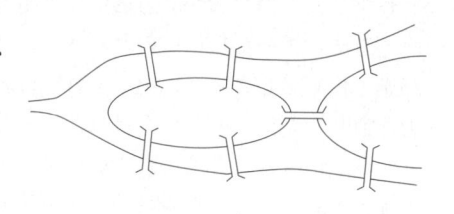

ところで、この問題を考えるのに、橋の長さや、二つの橋の角度、また道のりなどは関係がないことに注意しよう。ケーニヒスベルクの橋の問題は両岸や島を

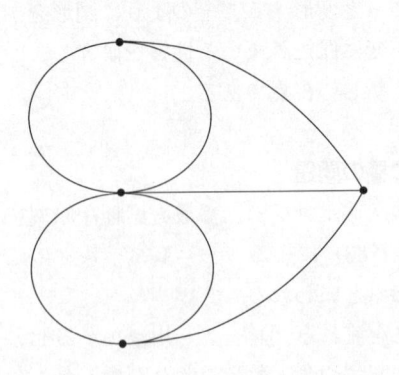

一点で表わし、これを左の図のように表現しても本質的に同一である。すなわち、ここで問題となるのは両岸と島の〝つながり具合〟だけである。〝つながり具合〟、これこそが、図形というモノの中に柔らかい視点を持ち込むことによって新しく発見されたコト的主題であった。

しかし、このつながり方という主題をどのような手段、方法で扱ったらいいのだろうか。計量という方法が無力化してしまった以上、それに替わるべき何か強力な道具を新たに開発しなければならない。この道具は20世紀に入り、多くの数学者によって考案され整備されたが、オイラー自身はそこまで見通すことはできなかった。

彼が開発したのは、もっと素朴な、まったく初等的な方法、すなわち個数の数え上げという組み合わせ的方法だった。しかし、点と線という一次元の図形に対しては、この初等的方法はそれなりに強力な手段だったのである。

このアイデアは20世紀に入り、グラフ理論という名前で大発展を遂げることになる。その様子をちょっと眺めてみよう。

グラフ理論の現代的可能性

一般に有限個の点を有限個の弧で結んだ図形をグラフと呼ぶ。いわゆる関数のグラフではなく、むしろネットワークとでも呼ぶとその実体がよく分かるかも知れない。この網目としてのグラフは、その気になって周囲を見わたすとたくさんあることに気づく。たとえば、電気回路、鉄道線路、道路網などはすべてグラフと見なせるし、人間関係、情報の流れなど、抽象的なものもグラフとして表現できる。つまり、ネットワークとしての網目の数学理論は現代社会を分析する強力な武器となる可能性を持った分野である。

さて、グラフを G と名づけ、G の点を頂点、弧を辺と呼ぶことにする。また、各頂点に集まる辺の本数をその頂点の次数という。G の頂点のうち偶数本の辺を持つものを偶頂点、奇数本の辺を持つものを奇頂点といおう。この奇偶性＝パリティの発見がグラフ理論の第一歩だった。

どのようなグラフ G についても G の奇頂点の個数は偶数である。それは、G のすべての頂点の次数を加えてみると分かる。すなわち、すべての辺はその両端

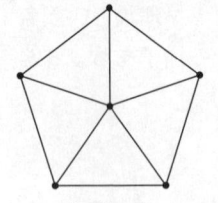

の頂点で一度ずつカウントされるから、頂点の次数の総和は辺の数の二倍となり偶数である。ところが奇数を奇数個たすと奇数となってしまうから、奇頂点は偶数個でなければならない。したがってすべてのグラフ G について、G は奇頂点を持たないか、2個、4個……$2n$ 個持つことになる。

簡単なグラフについて確かめてみよう。左の図で見るように、確かにどのグラフの奇頂点も偶数個である。この事実をもとにして、オイラーはケーニヒスベルクの橋の問題を次のようにあざやかに解決した。

> グラフ G が一筆書きできるためには G の奇頂点の個数が0個または2個であることが必要かつ十分である。

ケーニヒスベルクの橋における散歩道はグラフ化してみると

奇頂点6個

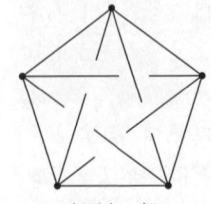

奇頂点0個

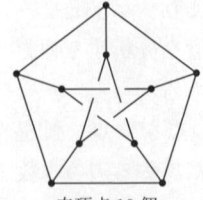

奇頂点10個

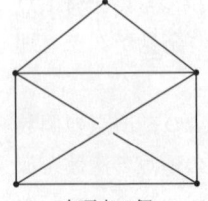

奇頂点2個

奇頂点が4個あり、したがって一筆書きは不可能で、七つの橋をちょうど一度ずつ渡る散歩道は存在しないことが分かる。

植木算を一般化する

これが今日グラフ理論と呼ばれる、一次元トポロジーの最初の一歩だった。ここから、グラフの、より高度なつながり方の研究が始まる。

小学校の頃、植木算という問題をやった経験を持っている人も多いと思う。算数の教科書では「あいだの数」という単元に出てくる。「長さ100 mの道に5 mおきに木を植えました。木は何本必要でしょうか。また、木と木の間にベンチを置きました。ベンチはいくつ必要でしょうか」これが典型的な植木算の問題である。答えは、100÷5 = 20、20 + 1 = 21、木は21本、ベンチは20個、となる。

この、1をたしたり引いたりするところが問題のポイントで、両端を入れるとか入れないとか苦心した経験をお持ちの方もいるに違いない。これが円形の池の周囲に木を植えるとか、その池に橋がかかっているとかしてくるとさらにややこしくなる。

この植木算をグラフの問題として考えてみよう。植木を頂点とし、道を辺としていくつかグラフを描いてみる。ただし、道の交叉点には必ず木を植えるものと

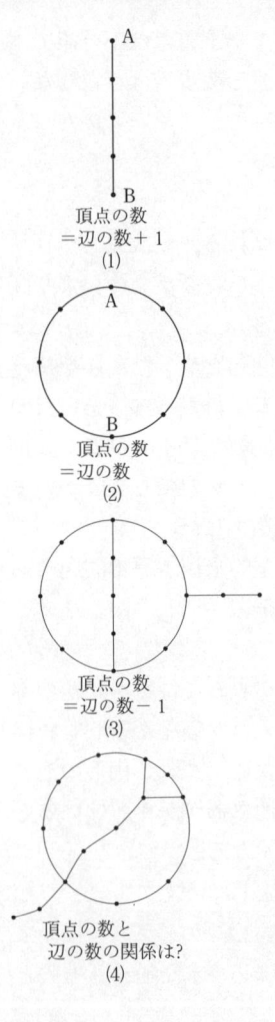

しよう。頂点の個数と辺の本数の間に一定の規則があるのだが、それが発見できるだろうか。この規則の発見が、グラフのつながり方というコトの発見につながるのである。その解決の鍵はつながり方をまったく反対の視点、すなわちグラフを切断しバラバラにする手段の方から見ることにあった。

グラフ G の頂点を駅、辺を線路と見なそう。一直線の線路では一カ所でも事故になると両端の二つの駅の間は不通になってしまう。ところが、環状線では一カ所が事故になっても、どの二つの駅も遠まわりする不便さを我慢すれば不通にはならない。つまり直線路と環状線ではどちらもつながっているといっても、つな

頂点の数
＝辺の数＋1
(1)

頂点の数
＝辺の数
(2)

頂点の数
＝辺の数－1
(3)

頂点の数と
辺の数の関係は?
(4)

がり度が違い、環状線の方がつながり方が強い、いわば二重につながっているのである。

Gを線路網と見たとき、何カ所か事故を起こしても線路網全体としては不通にならないとき、その事故の数の最大数をグラフGの切断数、または一次元ベッチ数と呼ぶ。これはGに含まれる環状線の数といってもよい。前にあげた四つの例について切断数を調べてみよう。

×印が事故を起こした個所で、全体として不通にはなっていないことが分かる（右図）。

JR線路網の切断

ここでグラフGについて1からGの切断数を引いた数をGのオイラー標

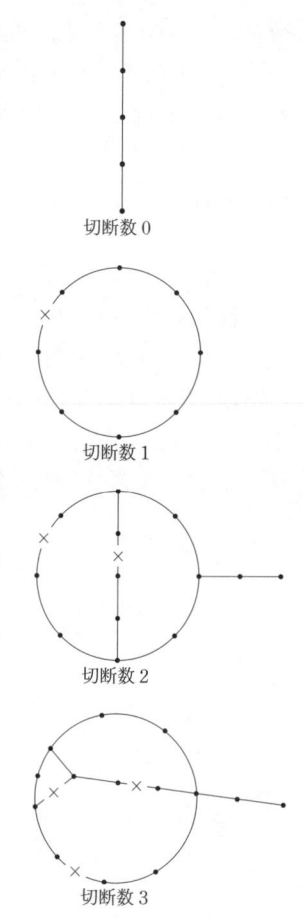

切断数 0

切断数 1

切断数 2

切断数 3

数といい $\chi(G)$ と書く。$\chi(G)$ はグラフのつながり方を全体として測っている量である。1から引くのが気になるが、1はグラフ全体がひとつながりになっていることを示している。このとき G について次の重要な性質が成立する。

　グラフ G について、G の頂点数 $-G$ の辺数 $= \chi(G)$

これをオイラー・ポアンカレの定理というが、この定理は G のつながり方を示す数 $\chi(G)$ と頂点数、辺数に密接な関係があることを示している。これこそが植木算の一般化であり、環状線を一つも含まない線路では、$\chi(G) = 1$ より、頂点数 $-$ 辺数 $= 1$ となる。つ

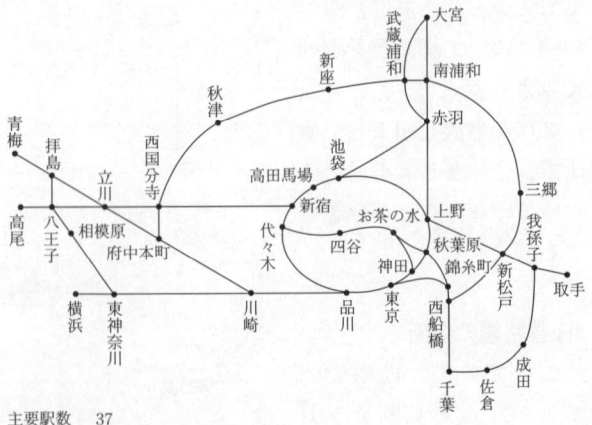

主要駅数　37
区　間　数　51　　$\chi(G) = 37 - 51 = -14$

まり植木の数＝間の数＋1、これが小学校の時にでてきた植木算の公式である。

$\chi(G)$ は最大値が 1 で、以下 $0, -1, -2, \cdots$ という値をとり、$\chi(G)$ の値が小さくなるほど、グラフ G のつながり方は複雑になる。たとえば、東京の JR 各線について調べてみると、主要駅のみを数えて駅数 37、区間数 51、したがって JR 各線のオイラー標数は $37-51=-14$ となり、これはかなり複雑な線路網であることが分かる。また切断数は $\chi(G)=-14$ より 15 となり、東京の線路網は最大 15 カ所で事故が起きたとしても全体としてはひとつながりを保ったままでいられることも分かる。高速道路網についても同じような分析ができる。

オイラー・ポアンカレの定理の証明

ではオイラー・ポアンカレの定理がなぜ成り立つのかを考えてみる。グラフ G のうちで、とくに切断数が 0 のもの、すなわち環状線を一つも含まないグラフを木という。木は環状線を含まないから必ず端を持つ。その端の頂点と辺を G から同時にとり去ってみよう。

G の切断数は変わらず、頂点数、辺数はともに 1 減るから頂点数引く辺数も変わらない。この手続きをずっと繰り返していくと、木はしまいに最も簡単な図

形●———●になり、この場合、頂点数引く辺数は$2-1=1$となる。ところが、木のオイラー標数すなわち1引く切断数は$1-0=1$であるから、木については、頂点数引く辺数がオイラー標数となる。

一般にグラフGの切断数がrであるとき、Gから最大r本の辺をとり去ってもGはひとつながりになったままで、残ったグラフをG'とするとこれ以上もう一本も辺ははずせないからG'は木になっている。

だからG'の頂点数をa、辺数をbとすると、調べておいたことにより$a-b=1$である。ところが、Gの頂点数はa、Gの辺数は$b+r$であるから、Gの頂点数引くGの辺数は$a-(b+r)=a-b-r=1-r$、これはGのオイラー標数に等しい。

これでオイラー・ポアンカレの定理が成り立つことが示された。オイラー標数はグラフGのつながり具合を全体として測っているものさしであるが、このようにしてグラフの頂点や辺の個数を数え上げるというまったく初等的な方法で求めることができるのである。

この事実を高次元の場合に拡張し、同じように個数の数え上げで、高次元図形のつながり具合を調べることが現代トポロジーの出発点となった。この理論をホモロジー理論というが、これはポアンカレ（1854-1912）によってその原型が完成した。次にそれについて調べてみよう。

3 位置とつながり方の幾何学(2)
——ホモロジー理論

しばらくの間、曲面について考えよう。簡単な曲面もあればおそろしく複雑な曲面もある。このような曲面のつながり具合というコトをどのように定め、どのように具体的に区別したらいいのだろうか。

曲面というモノを定量的な、解析的な方法で研究するというのが古典的な幾何学の立場であるが、その扱える限界をしっかりと見定め、新しいコトを扱える手段を開発しなければならない。ここにトポロジーという幾何学の難しさと同時に面白さがある。そのために前節で一次元の場合に考えた、切ってバラバラにするというアイデアが高次元の場合に持ち込めないかどうかを考えてみよう。

例として球面をとろう。球面をハサミで切り開いてみる。グラフの場合は一次元であるから一つの辺を切断するという方法でうまくいったが、球面の場合は二次元の広がりであるから、チョキンと切断するわけにはいかない。そこで球面上にぐるりとひとまわり円を描くようにハサミを入れてみる。ハサミは球面から円盤のような形を切りとることが分かる（次ページ）。

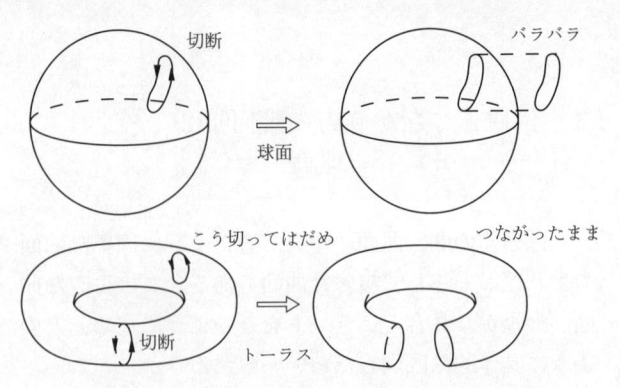

この性質は切り口の曲線をどんなにぐにゃぐにゃと変えても、また球面自身の形をどんなにぐにゃぐにゃと変えてもけっして変わらない。球面の曲がり方や表面積や体積は球面の形を変えることで変わってしまうが、このぐるっとひとまわり切ると球面はバラバラになってしまうという性質はそのような計量的性質とは質的に異なっていることが分かる。この発見がつながり方というコトを解析する第一歩だった。

トーラスの切断

　同じことをタイヤの表面、すなわち浮き袋形の曲面（これを数学ではトーラスという）について考えてみる。切り方によってはトーラスもぐるっとひとまわり切るとバラバラになってしまう。しかし、これは切り口の選び方がうまくなかったので、トーラスの場合、

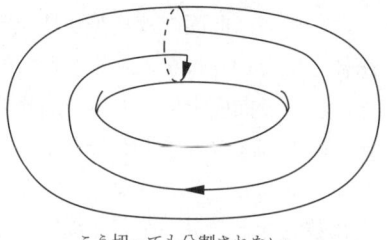

うまくぐるっとひとまわり切るとバラバラにならずつながったままであることが分かる。

こう切っても分割されない

このようなトーラスを分割しない切り方は無限にたくさんある。しかし基本となる切り方は、トーラスの穴を横断する切り方と穴にそった切り方の二つである。この事実をトーラスの一次元ベッチ数は2であるという。

バラバラになるということ

さて、ある閉曲線にそって曲面にハサミを入れるとき、この曲面が二つに分割されてしまうということは、この曲面と閉曲線のどのような関係を物語っているのだろうか。球面の場合、球面上の閉曲線はこの球面から円板を切りとる。逆に見ると、閉曲線は球面上の円板の境界線、すなわちへりになっていることが分かる。

一般に、ある曲面上に閉曲線を描き、それにそってハサミを入れるとき、曲面が二つに分割されるなら、その閉曲線はその曲面上のある一部分の曲面のへりになっていて、ハサミを入れることで、その一部分の曲

面が切りとられることになる。

すなわち、曲面のつながり具合をその曲面上に閉曲線にそった切り口を入れることで調べてみるということは、その曲面上に、ある一部分の曲面のへりとならない閉曲線を描くことができるかどうかという問題となる。問題をこのような形に整理することにより、その代数的なとり扱いが容易になる。ポアンカレはこの計画を実際に実行してみせた。

この「曲面上に、ある曲面のへりとならない閉曲線をいくつ描くことができるか」という視点で曲面のつながり方を分類しようという理論をホモロジー理論という。とくに二次元の曲面上に描けるそのような閉曲線の個数を一次元ベッチ数と呼ぶのである。

たとえば、球面の一次元ベッチ数は0、トーラスの場合は2、二つ穴のトーラスの場合は4、一般にn個穴のあいたトーラスの場合はその一次元ベッチ数は$2n$となることも分かる。この場合ベッチ数はその曲面にあいている穴の個数を測っているが、穴が一つあくごとに、その穴にそった閉曲線と穴を横断する閉曲線と二つの閉曲線がその曲面を分割しな

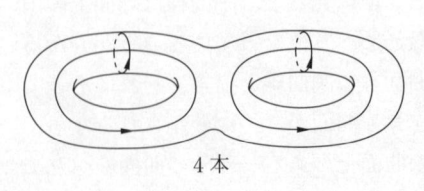

4本

いものとしてとれ、穴が一つ増えるごとにベッチ数は2ずつ増える。

そこでベッチ数の1/2をこの曲面の種数(ジーナス)という。種数が直接曲面を貫通している穴の個数を数えていることになる。

ホモロジー理論——デジタル量への変換

以上のような議論をさらに精密に代数化したものがホモロジー理論で、そこでは二つの閉曲線を加えるという演算を考え、閉曲線全体の作る群(これは第1章で、方程式の解法理論を構造化したときに発見された代数的構造で、演算の構造としては最も単純なものだった)を研究の対象とする。この群をホモロジー群という。

今まで見てきたように、ある曲面上の閉曲線がその

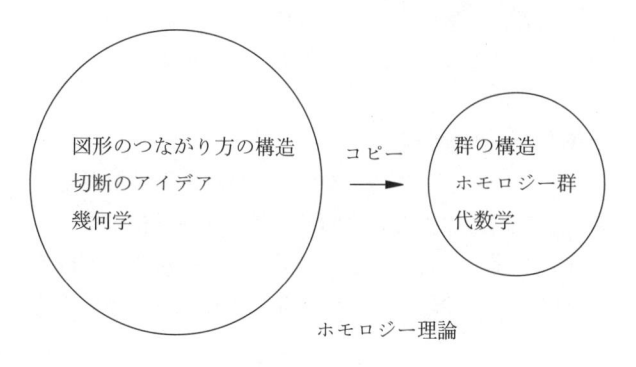

図形のつながり方の構造
切断のアイデア
幾何学

コピー →

群の構造
ホモロジー群
代数学

ホモロジー理論

曲面上、ある一部分のへりとなっているかどうか、がその曲面のつながり方を決定する最も基本的な構造だった。その構造が閉曲線の加法という演算によって群という代数的構造の中にコピーされる、このコピーするという方法が、現代数学が発見した幾何学研究の新しい道具なのである。

現代数学の最大の特徴である構造化とその代数化がここに典型的に表われている。トポロジーという、本質的に図形の質そのものを研究対象とする幾何学でもその研究成果を共通感覚として普遍化するためには、代数学という数量の数学の力を借りなければならない。

考えてみれば、質とはアナログ的なものであり、質の違いを何らかの方法で表現し差異化するためには、そのアナログ量を群というデジタル量に変換することがどうしても必要だったのである。むしろ逆に、質というアナログ量はデジタル量で差異化されて初めて質として認知されることができたともいえよう。

ホモロジー理論の限界

しかしながら、このようにホモロジー理論を捉えてみると、図形の質という問題をデジタル量化することによって得られたさまざまの成果や数学研究上の技術と同時に、この理論の持つ限界もまた透けて見えてくる。

それはコピーの持つ宿命であるのかも知れない。コピーはどんなにうまくできていてもコピーであることの限界を持っている。ホモロジー理論がアナログ量をデジタル量化し差異化する、その差異化のプロセスの中でこのプロセス自身にひっかからないいくつかの情報がこぼれ落ちてしまう。これは非常に残念なことではあるが、仕方のないことなのだろう。

　このようにしてホモロジー理論では、図形のつながり方のコピーであるホモロジー群の構造が群としては同一になっても、もとの図形が同じものになるとは限らないのである。その欠点を補うためにさらに精密なコピーが作られ、さらにはそのコピー機の構造そのものを研究対象とする新しい数学の分野も生まれた。

　ホモロジー理論はこのように直観的に分かりやすい理論であり、かつ二次元の曲面論に限っていえば、このコピー理論は欠陥を持たないことも知られている。すなわち二次元曲面のつながり方の構造、トポロジカルな構造はそのホモロジー群の上に完全に表現されていて、ホモロジー群が異なれば、曲面として異なると結論してよいのである。三次元以上では残念ながらこううまくはいかない。

数学オブジェの復活

　このようにして、トポロジーは曲面の差異化に成功

した。それはモノとしての曲面につながり方というコトを持ち込み、それをデジタル量化することで得られた現代数学の大きな成果であった。ところで、このプロセスを実行するなかで、数学者たちはモノとしての曲面のいろいろな存在の仕方に直接向かい合うことになった。そこではかつて古典的な数学が持っていたモノそのもの、19世紀数学が構造化しコト化するなかで数学の中から次第に姿を消していったモノそのものが、再び奇妙な姿を見せたのである。

このような数学オブジェには人間の想像力をチクチクと刺戟(しげき)するところがある。その背後にある数学理論などどうでもいい、今、目の前にあるこのモノが問題だ、というところがある。さらにはそのようなさまざまな形が、一種のメタファーとして数学以外のいろいろな場所に出没するようになったのも最近のことである。そのような数学オブジェを二つ三つ眺めてみる。

まずメビウスの帯。これは裏表のない曲面としてよく知られてい

センターライン

メビウスの帯

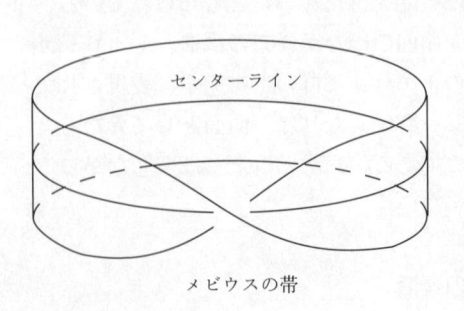

るもので、曲面としてローカルには表と裏の区別があるが、グローバルに全体を考えると裏表の区別がなくなってしまう。ふつうの紙片を一度ひねって貼り合わせると簡単に作ることができる。紙片を二枚重ね、同時にひねって一枚ずつ貼り合わせると、さらに奇妙な二重メビウスという形を作ることができる。これらの図形をセンターラインにそって切断してみるとその奇妙さを実感できると思う。

メビウスの帯を拡張するとクライン管（クラインの壺）という図形ができる。これはチューブの両端を逆

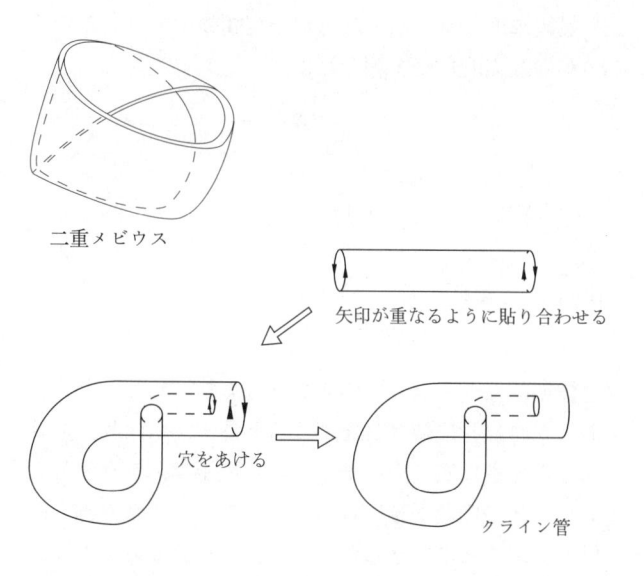

二重メビウス

矢印が重なるように貼り合わせる

穴をあける

クライン管

向きに貼り合わせて得られる曲面である。この貼り合わせは実は三次元空間内では不可能で、一部に穴をあけなければ実行できない。四次元空間内なら傷なしに貼り合わせることができる。この曲面もメビウスの帯と同じく裏表の区別を持たない曲面で、球面やトーラスと同じ閉じた曲面であるにもかかわらず、三次元空間内で内側と外側の区別を持たない。これらの数学オブジェは時として思いもかけないところに顔をのぞかせることがあるし、SFの中で小説の想像力と結びつき面白い世界を創り出している。

最後にトーラスがわれわれの空間の中で見せるいくつかの魅力的な姿を紹介しよう。

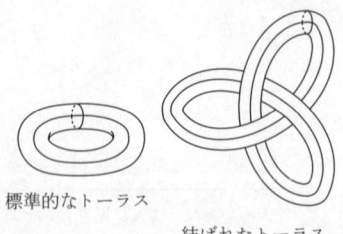

標準的なトーラス　　結ばれたトーラス　　結ばれた穴を持つトーラス

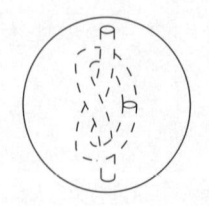

標準的なトーラスは内側も外側も結ばれていない。トーラス自身に結び目をつくると外側が結ばれた空間になる。逆に穴の方を結ぶことも可能で、こうするとトーラスの内側が結ばれることになる。では外側も内側も結ぶことはできるだろうか。これは種数1のふつ

うのトーラスでは無理だが、種数2の二つ穴トーラスならば可能である。本間龍雄による次の曲面がよく知られている。

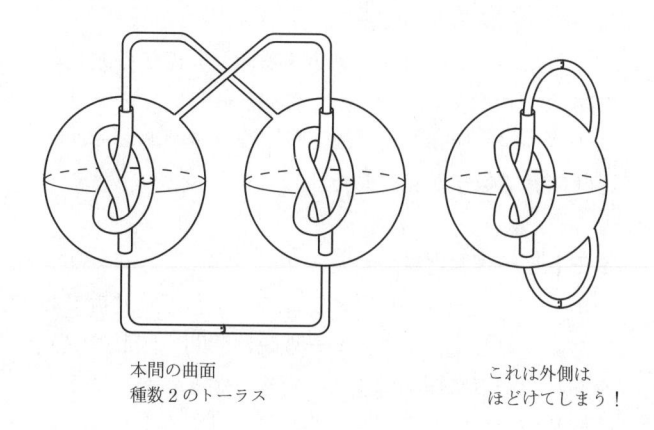

本間の曲面
種数2のトーラス

これは外側は
ほどけてしまう！

4 位置とつながり方の幾何学(3)
——ホモトピー理論

　前節で調べたホモロジー理論、切断による図形のつながり方の分析はモノの形に直接結びついているが、最後にでてきたトーラスのさまざまな姿の分析についてはホモロジー理論では力不足となる。なぜなら、あそこに出てきた形はつながり方という質においてはど

れもトーラス、または二つ穴のトーラスなのであって、トーラスが結ばれているかいないかという差異はそれ自身の中にあるのではなく、トーラスと外部世界との関係の中にあるからである。

そのため、この差異を分析する新しい方法の開発がなされ、1930年代にホップ（1894‐1971）、フレヴィッチ（1904‐1956）などによって今日ホモトピー理論と呼ばれる数学が完成した。

ホモトピー理論とは

ホモロジー理論が切断によるつながり方の分析であったのに対して、ホモトピー理論は空間や図形の中でループを一点に縮めることができるかどうかによる穴の個数の分析である。具体的な例で見てみよう。

すべて三次元空間内の図形で考える。空間の中に一つの点（基点という）をとり固定しておく。この基点から出発し、再び基点に戻ってくるヒモを考える。この投げ縄 l が三次元空間内に置かれたものにどう絡まるかを調べようというのがホモトピー理論の発想である。

球面が空間内に置かれている。表面は完全になめらかだとしよう。このとき投げ縄 l はどう投げても球面にひっかかることはなく、手元、すなわち基点にたぐり寄せられることが分かる（右図）。これは空間内に置

基点　　　　　　　　　基点

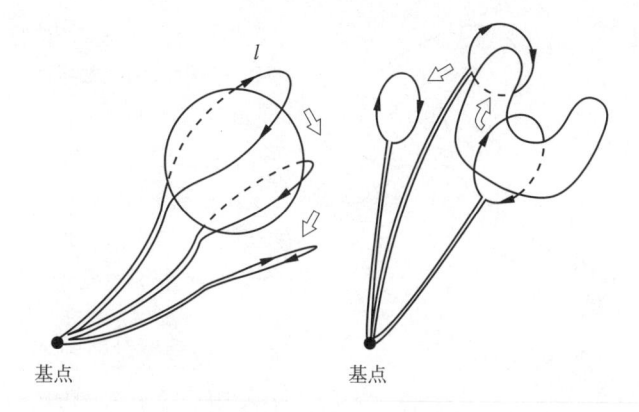

かれた図形が球面である限り、その球面がどう変形されていようとも同じことである。

　ところが置かれた図形がトーラスである場合、事情はまったく違ってくる。トーラスに向かって投げた投げ縄は場合によってはトーラスに絡まってしまい、手元にたぐり寄せられないことがある。そのような投げ縄 l の例をいくつか図で示すと、次ページ上のとおりである。

　このようにトーラスに何回か絡まった投げ縄 l はけっして手元にはたぐり寄せられない。これは球面には穴がなくトーラスには穴があることと、それらが外部空間とどのように関係してくるかということの表われであり、ホモロジー理論とは違った視点で形の持つ質を差異化していると考えられる。

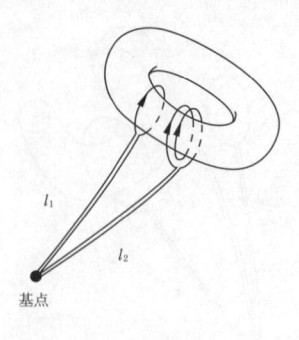

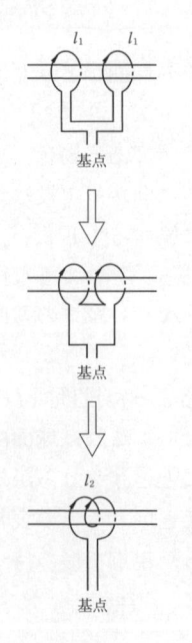

ところで、トーラスに絡まった投げ縄は基本的に左図の l_1 だけで、l_2 の方は l_1 を二回考えたものとみなせる。これを $l_2 = l_1^2$ と表わすことにすれば、トーラスに絡まる投げ縄はすべて l_1^n（n はトーラスに絡まっている回数）で表わされることになる。

トーラスの結び目

ではこのトーラスを変形した形で空間の中に置いたとき、投げ縄の絡まり具合はどうなるだろうか。このときも、いくつかの投げ縄はこの結ばれたトーラスにひっかかって手元にたぐり寄せられなくなる。そのうち最も基本的な三本を次ページの図に示したが、たとえ

ば l_1 から l_3 を作ることは
できない。ところが l_1 と
l_2 から l_3 を作ることは可
能である。それはA地点
における三つの投げ縄の
相互関係を調べてみれば
分かる。それを次に図で
示してみよう。

A地点の個所だけをと
り出してみたのが次ペー
ジの図である。この図を
見て、l_1 と l_2 を加えてみ
る。ただし図で l_2^{-1} と書
いたのは投げ縄 l_2 を逆向
きにたどる投げ縄である。このようにA地点において
$l_2 \cdot l_1 \cdot l_2^{-1}$ が l_3 と同じ投げ縄となることが分かり、結
局この場合、投げ縄の絡まり方は二本の縄、l_1 と l_2 を
用いて表わせることが分かる。

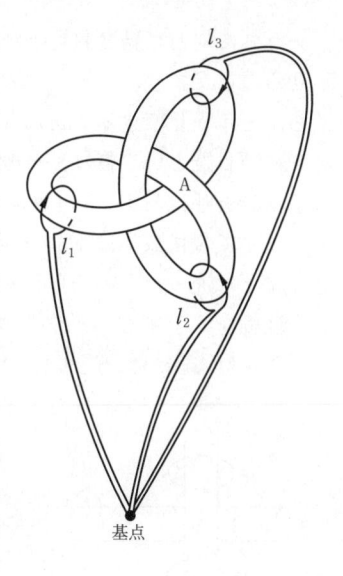

ここで、前に見た結ばれていないトーラスでは、手
元に引き寄せられない投げ縄はすべてただ一本の投げ
縄で表わすことができたことに注意すれば、この結ば
れたトーラスとふつうのトーラスとでは空間内での表
われ方が違っていることが分かる。この考察をさらに
精密化し代数化することによって、各々の結ばれたト

ーラスに対して結び目群と呼ばれる代数構造を対応させることができ、トーラスの空間内での表われ方をきちんと差異化できることになる。

結び目群という群は、一般にホモトピー群あるいは基本群と呼ばれているものの一つの例である。このようにして現代数学はまた一つ、切断によるホモロジー理論とは違った、縮められるかどうかというホモトピー理論を入手することに成功し、図形およびその空間内における表われ方というコトを代数的に構造化する

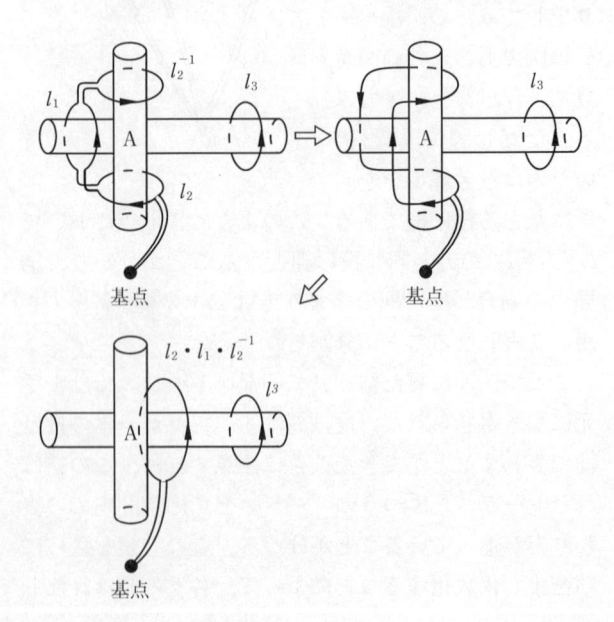

ことに成功したのである。

　ところで、この結び目の理論が奇妙な場所にひょっこりと顔をのぞかせたことがある。阿武山古墳から発掘された玉枕は数百個の玉を銀線でつないだ立体形で三次元構造の枕になっているというが、その全体の形が結び目理論を用いて、すなわちホモトピー理論で解析されたというのだ（1987年11月4日付毎日新聞）。藤原鎌足の時代にホモトピー理論が知られていたとは考えられないけれども、何かSF的想像力を刺戟されるエピソードである。ホモトピー群を考えながら、はるか古代に思いを馳せるのもロマンがあるのではないだろうか。

カテゴリーとファンクター

　しかしながら、再び現代に戻ると、この見事な成功は逆にトポロジーという現代数学に対して一つの足かせをはめることにもなった。というのも、ホモロジー理論、ホモトピー理論のあまりに華々しい成功のおかげで、差異化の手段としてのホモロジー理論、ホモトピー理論が逆にトポロジーそのものの枠を規定し始めたのである。ホモロジー理論、ホモトピー理論の守備範囲だけがトポロジー、そんな気分が数学の中に多少なりともあったのかも知れないが、それを吹き飛ばすかのように1956年から1960年代にかけてトポロジーは

```
┌─────────────────┐        ┌─────────────────┐
│  図形のカテゴリー  │        │   群のカテゴリー   │
│                 │        │                 │
│ 図形 ←──→ 図形   │ ←───→  │  群 ←──→ 群     │
│      写像       │        │     準同型       │
└─────────────────┘        └─────────────────┘
```

ファンクター
（ホモロジー、ホモトピー）

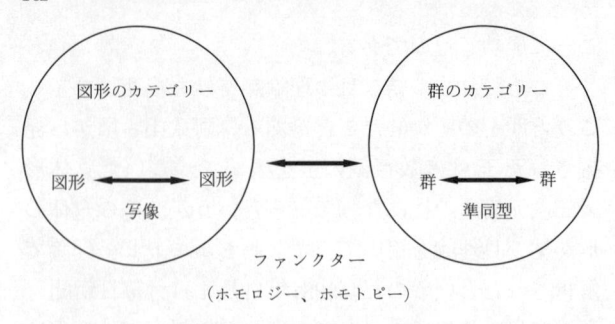

一大発展を遂げることになる。

それは次節で触れることにして、このホモトピー理論も理論構造としてはホモロジー理論と同一であることを注意しておこう。それぞれの理論が図形のつながり方をどのようにとり出したのかは異なるが、両者とも、図形のつながり方という質を群という代数構造にコピーしていることは同一である。

現代数学ではその研究対象とその間の関係（写像）を一つにまとめたものをカテゴリーと呼ぶ。たとえば、本章の第1節でとりあげた位相空間と連続写像は一つのカテゴリー（位相空間のカテゴリー）を作る。また図形（現代数学では一般に多様体という）と連続写像の全体もカテゴリーを作る。群とその間の関数（一般に準同型という）もカテゴリーを作る。するとホモロジー理論、ホモトピー理論は、ともに図形のカテゴリーを群のカテゴリーにコピーしていることになる。

このように二つのカテゴリー間のコピーを与える対応構造を一般にファンクターと呼ぶ。このカテゴリーとファンクターという構造は構造全体をさらに構造化しているという意味でメタ構造と言えよう。モノとモノとの関係、コトを構造化したモノ——モノをもう一段階グレードアップして（モノ—コト—モノ）—ファンクター—（モノ—コト—モノ）と構造化したものがファンクターである。

しかし考えてみると群そのものが演算という構造を抽象化したものであるから、これは三段階の抽象化になっているとも考えられる。このようにして現代的な幾何学はまったく新しい光景を見せることになったのである。

5　ポアンカレ予想と四次元空間

図形の持つつながり方の質を完全に代数の言葉で記述できるだろうか。これはトポロジーの最初の出発点からの大問題だった。

ポアンカレ自身は最初、ホモロジー理論でつながり方をうまく記述できると考えていたらしいが、彼自身が三次元の図形（多様体）でそうならないものを作り上げてみせた。すなわち三次元の多様体で切断によるつながり方、つまりホモロジー的つながり方は三次元

球面と同じになるが、それ自身は球面とならない図形を構成したのである。このような多様体を一般にホモロジー球面という。ホモロジー球面は本物の球面にならない。

ではそれにさらにホモトピー的つながり方も球面と同じという条件をつけ加えたらどうなるだろうか。ホモロジー的にもホモトピー的にも球面と同じつながり方を持つ多様体（これをホモトピー球面という）は本物の球面か？　これはポアンカレ予想と呼ばれトポロジーの歴史をつらぬく大問題であったが、奇妙な解決と未解決をみた。（注：ポアンカレ予想は2003年に解決。本章末の注も参照）

ポアンカレ予想の高次元での解決

ポアンカレのもともとの問題は三次元に限った問題だったが、同じことが一般に n 次元の問題として考えられる。当然三次元よりも四次元、五次元、……一般に n 次元の方が難しいと考えるのがふつうである。ところが、まことに奇妙なことにポアンカレ予想はまず $n \geq 5$ の時に肯定的に解決されたのである。問題が解けなかったら一般化せよ、というのは一見逆説風な数学上の方法論の一つである。ポアンカレ予想の場合はこの格言そのままとは言えない点もあるが、とにかく次元を上げることで自由度が生じ、とり扱いが楽

になったのだった。

1961年、スメール（1930- ）が、ほぼ時を同じくしてジーマン（1925- ）、スターリングス（1935-2008）がそれぞれ独立に同様の結果を発表し、高次元ポアンカレ予想は肯定的に解決した。スメールはその業績によって、1966年、フィールズ賞を受賞する。このように高次元多様体の分野では代数的な方法はある意味で十分な成果をあげ、n次元ホモトピー球面は$n \geq 5$という条件のもとで本物の球面となるのである。

異球面の発見

話が前後するが、この高次元ポアンカレ予想の解決の数年前、1956年にトポロジーは、というより数学界全体は一つの衝撃的事実を発見していた。それはミルナー（1931- ）による異球面の発見である。異球面、エキゾチックな球面とは、図形としてはふつうの球面であるが、その上の微分構造がどうしてもふつうの球面とは同じにならない球面をいう。

微分構造とは、ようするにその図形に接線や接平面を引くための図形のなめらかさを決定する構造である。ミルナーが異球面を発見するまで、漠然とではあるが接線や接平面というものの意味は一通りしかあり得ないと誰もが考えていたと思われるし、異なった微分構造というアイデアそのものがナンセンスに近かったと

も言えよう。

　ところがミルナーは七次元球面上にふつうの微分構造とはまったく異なる新しい微分構造を構成することに成功したのであった。この発見によりミルナーはスメールに先立ち1962年にフィールズ賞を受賞する。現在ではこのような異球面についてさらに詳しい研究が進んでいて、六次元以下では異球面は存在しないこと、七次元では28通りの異球面が存在すること、などが分かっている。

　このミルナーの結果とスメールの結果をつき合わせると、先に代数的手法がある意味で成果を上げたといったことの内容が分かっていただけよう。すなわち五次元以上のホモトピー球面はたしかに本物の球面なのであるが、異球面も図形としてはやはり本物の球面なのである。ただ微分構造まで考えに入れると、〝ふつうの本物〟の球面にはならないということだから、ホモトピー球面はそのどちらにもなり得るということが結果として分かる。

　このように高次元ポアンカレ予想は見事な解決をみたが、三次元、四次元の場合が未解決問題として残され、多くのトポロジストたちの挑戦を受けた。

　そして、ついに1981年、フリードマン（1951-　）によって四次元の場合が肯定的に解決された。すなわち四次元のホモトピー球面は位相的には本物の球面と

なる。

四次元空間の不思議

ところが、この結果を追いかけるようにして四次元世界はSFが想像した以上に奇妙で面白いものであることが発見されたのである。四次元ユークリッド空間には異空間が存在する！ つまり位相的にはふつうの四次元ユークリッド空間とまったく同じ空間なのに、その上の微分構造がふつうの空間とは異なるエキゾチックな四次元ユークリッド空間が存在する。

四次元以外にはこのような異ユークリッド空間が存在しないことはすでに知られていたので、これは四次元という次元が他の次元とは異なった奇妙な次元であることを意味する。かつて四次元空間はSF少年の夢の遊び場だったが、その幻想の遊び場は現代数学の最先端で本物の異空間として姿を現わしたのである。

この結果はドナルドソン（1957- ）という若き数学者によってもたらされた。フリードマンとドナルドソンは1986年にそろってフィールズ賞を受けた。さらに現在では四次元空間が少なくとも実数の基数 $\aleph$ 以上の微分構造を持つことも知られている。

だが、それにしてもポアンカレの提出した元の問題、三次元ホモトピー球面は本物の球面か？ が依然として未解決のままなのは驚くべきことではないだろうか。

（注：上のように講談社現代新書版に書いたのは1988年のことだった。あれから15年、2003年についに三次元ポアンカレ予想が肯定的に解決した。その証明は純粋なトポロジーというより、古典的な微分幾何学とトポロジーとの融合のような証明だった。そこではハミルトンによって提出されたリッチ・フローという微分方程式が使われる。証明したのはロシアの数学者ペレルマンで、論文はインターネット上に公開された。彼はこの業績により2006年マドリードでの国際数学者会議でフィールズ賞を受賞する。しかし、ペレルマンは授賞式に姿を見せず、フィールズ賞の辞退を宣言したのである。ペレルマンがなぜフィールズ賞を辞退してしまったのか、真相はよく分からない。一説では「自分に関心があるのは証明が正しいかどうかで、フィールズ賞には興味がない」と語ったとも伝えられる。現代数学史にあたらしい伝説が付け加えられた瞬間を目撃できたのかも知れない）

4 ― 形式の限界・論理学とゲーデル

1　納得、説得と論理

「人間は考える葦である」これはパスカルの有名な言葉である。〝考える〟、〝思考する〟ということが人間の本質をどの程度捉えているのかは、パスカルの当時と現在とではいくぶんニュアンスが異なるだろう。とくにコンピュータが発達し、人工知能が完成するかどうかという時代において〝思考する〟ということは、人間の特権ではなくなりつつあるのかも知れない。さらにすべての動物が、いやそれ以上に全地球が地球的規模で思考しているというアイデアさえも生まれようとしているのが現代なのだろう。

　しかし、ここではもっと素朴にパスカルに戻って、人間が考える葦であるといったときの〝考える〟を数学的に分析することから始めようと思う。

再び、納得と説得について

　思考する、論理的にものを考えるというのはある意味で、きわめて個人的色彩の強いものである。各人の持つ固有の考え方、感性、経験、知識などが総合されてその人固有の論理が形成されている。人はおそらく非論理的にものを考えることなどできないのではない

だろうか。各人がその個性にしたがってスキップしながら物事を判断する、そのスキップの仕方に違いがあるに過ぎない。

しかし、個人的判断に対してはそのスキップの仕方が問題にならない、すなわち納得することに対しては問題がないとしても、第三者を説得しようとしたとき、その論理のスキップの仕方が嚙み合わなかったとすると、自分で分かっていることを他人に説得力を持って説明することができなくなる。逆に他人を説得したつもりであっても、本人は少しも納得していないという事態が起こり得る。

こんなとき数学的三段論法、すなわち、A である、A ならば B である、したがって B である、の積み重ねは他人の反論を封じる強力な手段となる。もしこのような論理構造の骨格だけはすべての人に共通のものであるとしたら、それだけをとり出して、形式的にその構造を研究することは、論理を自由に操るための基礎となり得るかも知れない。

古代ギリシアで発達した弁論術は人のこんな思いの一つの表われだったのだろう。ユークリッド幾何学における論証と呼ばれる証明技術も、必ずしも納得の技術であったとは思われず、分かるためというより形式的に体系を構成するためという色あいが濃い。

幾何学と論理

　ところで、論理構造を研究するためには、論理そのものを記号化することが不可欠である。記号化することにより、より客観的になるとは思われないが、少なくとも贅肉がそぎ落とされ、数学的方法で扱える部分とそうでない部分がはっきりとしてくることは確かであり、そこに論理の骨格が見えてくる。この視点で眺めるとユークリッド幾何学におけるいわゆる論証は、図形という素材のせいもあるが、記号化が十分になされているとは言えない。論理そのものを眺めるためには幾何的な素材は適していないのである。

　論理を記号化し、あたかも代数計算をするように論理計算を行う。人間は論理を記号化してインプットし、計算は機械的に行い、出てきたアウトプットを読みとる。このような記号論理学は最初ライプニッツによって夢想された。そこでは、人間の思考形態を記号化し、その記号どうしの関係、演算を代数化することにより論理そのものが計算によって行われる。

　このアイデアはライプニッツの時代には完成しなかったが、20世紀に入り数理論理学としてある意味では完成した。しかし、その数理論理学は、記号化の限界を引き出すという思いもかけない副産物を生んだのであった。

2　論理の記号化

人がものを考えるときは、内容のある文章を扱うことになる。内容のある、という言葉の意味がちょっとあいまいであるが、ここでは簡単に、真偽が原則的に定まっている文章としておこう。このように真偽が定まった文章を命題と呼ぶ。たとえば、「1＋1＝2である」とか、「$x+1=0$ となる数 x がある」、「どのような実数 x についても $x^2<1$ である」などは、すべてその真偽がはっきりと分かっているから命題といえる。

命題と真偽

一方ブラウアー（1881－1966）によって提出された次のような問題がある。π を無限小数に展開したとき、数字1から9までがこの順に並ぶ個所があるだろうか。これを「π を無限小数展開したとき数字1から9がこの順に並ぶ個所がある」と言いきった形にすれば、これは真か偽かいずれかであろう。

いまのところ、この文の真偽は決定されていないし、また、もしこの文が真になった、つまりそのような個所がコンピュータにより発見されたとしても、この文を、数字1から n までがこの順に並ぶ個所があると

変えれば、また同様の問題を作ることができる。一方、この文がもし偽であるなら、われわれは永遠にこの文が偽であることを立証できないであろう。なぜなら、神ならぬ身の人間はπの無限小数展開を完結したものとして見ることができないからである（永遠にというのはちょっと言い過ぎで、まったく新しい数学が発見され、偽であることが立証される可能性も残されている。これにはちょっとスリリングな面白さがある）。

しかし、すべてを知りつくした神であれば、当然πの無限小数展開を完結したものとして見ることができ、この文章の真偽も知っているに違いない。そんなわけで、ここでは人間の立場より神の立場をとり、上のブラウアーの問題も命題として扱うことにしよう。

ただ、ここでちょっと気にとめておいてもらいたいのは、この例で見たように、命題の真偽が定まっているという要請と、それを人間が決定する手段を持っているかどうかということは異なるという点である。これはこの章の後に別の形で再登場する。

命題を記号化する

さて、このように真偽の定まった文章を命題と呼び、それらを大文字のA、BやX、Yなどで表わそう。「世の中には二種類の人間しかいない。いい奴とわるい奴と」というのは映画のセリフであるが、命題も基

本的に二つしかない。正しい命題と間違った命題と。この二分法はもちろん大いに荒っぽいが、そのぶん扱いやすいことも確かである。正しい命題を1で、間違った命題を0で表わす。すなわち命題A、Bなどは0か1のどちらかである。これを命題は0または1の値をとる変数と考え、$A, B, \cdots$ を命題変数という。

さて人はいくつかの命題を組み合わせて新しい命題を作ることがある。「$x>5$ ならば $x>1$ である」とか「$x>1$ または $x<-1$ ならば $x^2>1$ である」などがそのような命題の例となるが、この組み合わせ方を注意深く分析してみると、いくつかの基本的な組み合わせ方があることが分かる。それは、

(1) 否定、A でない、　　￢A と書く。
(2) または、A または B、$A \lor B$ と書く。
(3) かつ、A かつ B、　　$A \land B$ と書く。
(4) ならば、A ならば B、$A \to B$ と書く。

の四つである。この四つを論理演算といい、いくつかの命題を論理演算で結びつけた新しい命題を複合命題、または真理関数と呼ぶ。たとえば、￢A は一変数真理関数であり、$A \lor B$ や $A \to B$ は二変数真理関数である。

ここで A、B が0や1の値をとったとき、￢A や $A \lor B$ がどのような値をとるのかを考えてみよう。

真理表を作る

(1) 否定、⊐A

これはごく常識的に A が正しければ $\neg A$ は間違い、A が間違いなら $\neg A$ は正しいと考えられる。これを次のような表（真理表という）で表わす。

A	$\neg A$
0	1
1	0

$\neg 0 = 1, \quad \neg 1 = 0$

(2) または、$A \vee B$

A、B のとる値の組は四通りある。その各々について $A \vee B$ は A か B のどちらか一方でも正しければ正しいと決める。

A,	B	$A \vee B$
0	0	0
0	1	1
1	0	1
1	1	1

$0 \vee 0 = 0$
$0 \vee 1 = 1 \vee 0 = 1 \vee 1 = 1$

(3) かつ、$A \wedge B$

〝または〟と同じく〝かつ〟の場合も A、B のとり得る値の組は四通りある。〝かつ〟の場合は A と B の両方が正しいときのみ正しいと決める。

A,	B	$A \wedge B$
0	0	0
0	1	0
1	0	0
1	1	1

$0 \wedge 0 = 0 \wedge 1 = 1 \wedge 0 = 0$
$1 \wedge 1 = 1$

ここまではごく常識的に見ても自然な決め方であり、われわれが日常的に用いている否定、または、かつなどの意味をそのまま記号化していると考えられる。ところが、最後の"ならば"については、ちょっとした注意が必要である。

(4) ならば、$A \rightarrow B$

この場合、A、Bのとる値の組、すなわち真偽の組み合わせに対して$A \rightarrow B$の真偽を次の表のように決める。

A,	B	$A \rightarrow B$
0	0	1
0	1	1
1	0	0
1	1	1

$0 \rightarrow 0 = 1$
$0 \rightarrow 1 = 1$
$1 \rightarrow 0 = 0$
$1 \rightarrow 1 = 1$

AならばBはAが正しくBも正しいときは正しく、Aが正しくBが間違っているときは間違いとする。

これは自然であるが、問題はAが間違っているときである。結論を先に言うとAが間違っているとき、すなわちAの値が0のときはBの値のいかんにかか

わらず、$A \to B$ は常に正しいとする。これを、「2<1 ならば 1+1 = 2 である」とか、「4<1 ならば 1 = 2 である」と書いてみるとやや異常に感じる。初めの例でいうと、2<1 であろうとなかろうと 1+1 は 2 だし、次の例なら 1 = 2 は無条件に間違いではないか。

これは〝ならば〟という言葉を日常用語として解釈すれば当然でてくる疑問である。われわれは〝ならば〟を因果関係を表わす言葉として用いるのがふつうで、日常生活では原因〝ならば〟結果、という使い方をする。そう考えると上の文章の真偽はちょっとおかしい、そう思える。これを納得してもらうのはなかなか容易ではない。強権を発動し、「こう決める！」と言ってしまえば簡単だが、そこをなんとか説明してみよう。

〝ならば〟の意味づけ

われわれの立場では $x>5$ は命題とならない。すなわち x の値が決まらなければ $x>5$ の真偽は決まらない。だがその点をちょっと棚上げして、次の文章を考えてみる。「$x>5$ ならば $x>2$ である」これは変数 x を含んではいるが、少しだけ手を加えると真偽の定まった命題となる。この命題は正しいだろうか、間違っているだろうか。よく命題を眺めて判断してほしい。

実際に x の値が何であるかが決まっていなくても、

つまり x が何であれ、5 より大きければ、2 より大きいに決まっている！　つまりこの命題は正しい。ここまでは納得できただろうか。もしこれが正しいとすれば、x はどんな数でもいいのだから、たとえば x を 3 としてみよう。「3>5 ならば 3>2 である」は正しい。また、たとえば x を 1 としてみよう。「1>5 ならば 1>2 である」も正しい！

つまり、〝ならば〟の真理表に対してわれわれが感じる漠然とした不安は、一般論を特殊化したときに感じる不安定さなのである。われわれは特殊化したものについてはそのものだけに通用する余分な知識を持ち過ぎることがあり、その余分な知識が結果として不安定感を助長することもあるのである。

複合命題の真理表

さて、以上で四種類の論理記号についての真理表は完成した。この四つの記号と命題変数を組み合わせてさまざまな複合命題を作りその真理表を作製することができる。いくつかの例を調べてみる。

(1)　$A \vee (\neg A)$

$A,$	$\neg A$	$A \vee (\neg A)$
0	1	1
1	0	1

(2)　$A \vee B \to B$

$A,$	$B,$	$A \vee B$	$A \vee B \to B$
0	0	0	1
0	1	1	1
1	0	1	0
1	1	1	1

もう少し複雑な複合命題についても同様である。

(3) $(A \wedge B) \vee (\neg A \wedge \neg B)$

$A,$	$B,$	$A \wedge B,$	$\neg A,$	$\neg B,$	$\neg A \wedge \neg B$	$(A \wedge B) \vee (\neg A \wedge \neg B)$
0	0	0	1	1	1	1
0	1	0	1	0	0	0
1	0	0	0	1	0	0
1	1	1	0	0	0	1

(4) $A \to (B \to A)$

$A,$	$B,$	$B \to A$	$A \to (B \to A)$
0	0	1	1
0	1	0	1
1	0	1	1
1	1	1	1

(5) $A \wedge \neg A$

$A,$	$\neg A$	$A \wedge (\neg A)$
0	1	0
1	0	0

命題の差異化

こうしていくつかの複合命題についてその真理表を作ってみると、複合命題は何種類かに分類できることが分かる。これは第3章、位相空間で出てきたアイデアと同じである。すなわち複合命題全体の集合を P としたとき P の中に差異を持ち込み、命題を区別することで P の構造を把握しようというアイデアである。

そもそも構造化すること自体、数学では差異化することとほとんど同義なのである。のっぺりとした命題を差異化、分類、整理して P を構造化し、その構造の中に論理的であることの原形を見つけだそうとする。これが数理論理学のそもそもの出発点であった。

さて、例の(1)〜(5)で見たように複合命題には次の三種類がある。

(1) 複合命題 X の中に現われるすべての命題変数について、その真偽のいかんにかかわらず、X 自身は常に真となるもの。つまり、変数 $A, B, \cdots$ が 0 だろうが 1 だろうが恒等的に $X = 1$ となるもの。

(2) 複合命題 X の中に現われる命題変数の真偽によって X 自身が真になったり偽になったりするもの。

(3) 複合命題 X の中に現われるすべての命題変数について、その真偽のいかんにかかわらず、X 自身は常に偽となるもの。つまり(1)と正反対の複合

命題。

この差異化によって一体何が分かるのだろう。(1)のような複合命題、すなわち常に正しい複合命題はなぜ常に正しいのだろうか。例として挙っている $A \vee \neg A$（これを排中律と呼ぶ）を考えてみよう。

「A または A でない」、「A であるか A でないかどちらかだ」、「シェパード医師は犯人か犯人でないかどちらかだ」こうつぶやいてみると、当たり前のような気がしてくる。実際どんな難事件であれ、特定の人物は常に犯人であるかないかのいずれかであり、それは証拠の有無には無関係である。

あるいは次の有名な例を考えてもよい。完全に外界から遮断された地下室で男は考える。「今、外は雨が降っているかいないかどちらかだ」男の自由がまったく奪われていて外を見ることができなくても、男が考えていることは正しい。

なんのことはない、この男の判断はまったく自明の事柄であり、ある意味でこんな判断はぜんぜん役に立たない。名探偵がいくら「シェパード医師は犯人か犯人でないかどちらかだ」と推理（?）したところで事件はいっこうに進展しない。つまり $A \vee \neg A$ という複合命題は外部世界とは無関係に、それ自身の内的構造として形式的に正しいと考えられる命題なのである。

このように形式的に正しいと考えられる命題をトー

トロジー（恒真式）と呼ぶ。トートロジーは哲学用語で、日本語では同義反復などと訳されているが、〝同義反復〟、すなわち、〝ただの言いかえ〟というニュアンスの中にも〝何の役にも立たない〟という感覚が込められているような気がする。

自同律は不快か

さて、このようにしてすべての複合命題の集合 P はトートロジーの集合 T と、真偽不定の命題（これを整合式という）の集合 U と、常に偽となる命題（これを恒偽式という）の集合 V とに分けられる。ふつう日常生活で興味があるのは U に入る命題だろう。

だが現代数学ではトートロジーの集合 T に注目する。それは現代数学が形式をとり扱うという理由だけではなく、一見しただけではトートロジーとは判断できない複合命題も存在し、そのような命題をどのように見分けるかという興味深い問題があるからである。

たとえば、アリストテレス論理学の出発点となった自同律 $A \to A$、すなわち〝A ならば A である〟は一見明らかにトートロジーと分かる。埴谷雄高によれば、なぜ A は A でなければならないか、A が非 A であってもいいではないか、という。これを埴谷は自同律の不快と呼ぶ。

だがトートロジーがすべて不快なわけではないのである。$((A \to B) \to A) \to A$ はトートロジーだろうか、それともトートロジーではないのだろうか、と聞かれると、とっさには答えられないのではないだろうか。してみると、いくら同義反復といっても〝何の役にも立たない〟と切って捨てるのはちょっと早計であろう。

ではすべての複合命題の集合 P の中からトートロジーの集合 T のみを選び出す効果的な手続きがあるだろうか。それを以下に考えてみる。

3　正しいことと証明できることの違い

われわれは前節で、トートロジーとは命題の組み合わせの構造により形式的に常に正しくなる複合命題であることをみた。そこで数学的に〝正しい〟命題とはトートロジーに属する命題のことであると決めても、それほどの違和感はないと考えられる。では与えられた複合命題 X がトートロジーであるかどうか、すなわち正しい命題であるかどうかをどう判断すればいいだろうか。

意味論的方法

複合命題 X は有限個の命題変数 $A_1, A_2, \cdots, A_n$ を有

限個の論理記号で結んで組み立てられている。これを $X = f(A_1, A_2, \cdots, A_n)$ と書くことにしよう。したがって確かめるべきことは、$A_1, \cdots, A_n$ に 0 か 1 の値を代入したとき $f(A_1, \cdots, A_n)$ が常に値 1 をとるかどうかである。

ところで各命題変数 A_i は 0 または 1 という 2 通りの値をとる。したがって $A_1, \cdots, A_n$ の値の組み合わせは全部で 2^n 通りある。これは有限個であるから、そのすべてについて $X = 1$ となるかどうかを真理表を用いて試せばよい。だから原理的には常に有限回の手続きで、X がトートロジーかどうかを判定できる。

例として前にあげた $X = ((A \to B) \to A) \to A$ について調べてみよう。

$A, B, A \to B, (A \to B) \to A$	$((A \to B) \to A) \to A$
0　0　　1　　　0	1
0　1　　1　　　0	1
1　0　　0　　　1	1
1　1　　1　　　1	1

確かに $X = ((A \to B) \to A) \to A$ はトートロジーであることが分かる。命題 X に含まれる命題変数 A_i の個数が多くなれば、真理表を作製する手続きは文字通り指数関数的に急速に増加して行き、現実には判定不可能となるかも知れないが、ともかく真理表作製の手段があることは間違いない。

試しに三変数複合命題でトートロジーとなるものの例を一つ挙げておく。

$X = (A \to C) \to ((B \to C) \to (A \lor B \to C))$

A, B, C	$A \to C$	$B \to C$	$A \lor B$	$A \lor B \to C$	$(B \to C) \to (A \lor B \to C)$	X
0 0 0	1	1	0	1	1	1
0 0 1	1	1	0	1	1	1
0 1 0	1	0	1	0	1	1
0 1 1	1	1	1	1	1	1
1 0 0	0	1	1	0	0	1
1 0 1	1	1	1	1	1	1
1 1 0	0	0	1	0	1	1
1 1 1	1	1	1	1	1	1

この X を両刀論法(ジレンマ)という。

トートロジーの性質

トートロジーの集合 T の持つ性質をいくつか挙げておこう。

(1) X がトートロジーなら ¬X はトートロジーでない。すなわち、X と ¬X が同時にトートロジーとなるような複合命題 X は存在しない。実際 X がトートロジーなら ¬X は恒偽式となる。

(2) X がトートロジーで $X \to Y$ もトートロジーなら Y もトートロジーである。実際もし Y がトートロジーにならないとすれば、Y は偽、すなわち 0 という値をとることがある。一方、X は常に真、

すなわち $X = 1$ だから $X \to Y$ は $1 \to 0 = 0$ となり偽となってしまう。これは $X \to Y$ がトートロジーであるという仮定に反する。

以上に見たように、トートロジーの集合 T を複合命題全体の集合 P の中からとり出す方法として、真理表を用いることができる。

このように、正しいか、間違っているかという概念を構成し、それによって P を差異化する方法をふつう、意味論的方法と呼ぶ。すなわち、〝正しい〟ということの意味づけをここではトートロジーという概念で行ったことになる。

形式上正しくなるということが、日常生活の中での正しさとはやや異質であることは前に見たとおりだが、一方で、人が誰でも共通に正しいと判定できる命題はトートロジーしかないとも言えると思う。

われわれは、複合命題が正しいか間違っているかという命題の意味内容を手掛りにした P の差異化構造を構成したが、数学ではもう一つ、証明する、証明できるという手続きがある。証明と聞いただけでかつての学校数学を思い出し、アレルギー反応を起こす方もいるかも知れないが、しばらくこの証明という機構につきあっていただきたい。

「正しい」とは「証明できる」ことか

ふつう、われわれは証明できたことは正しい、また逆に、正しいことは証明できる、と考えている。つまり数学という〝客観的真理体系〟と信じられている学問の中では、〝正しい〟とは証明できること、という公式が成り立っていると、これまた信じられている。これから、この信念に少々メスを入れてみたい。

今までは命題とは真偽の定まった文章で、それを否定、または、かつ、ならば、で結んで作ったものが複合命題であった。以後しばらく、この事実を忘れることにする。

無意味な記号列としての論理式

命題とはA、B、… などの記号で示される〝何か〟であり、それらの記号を ¬、∨、∧、→ という論理記号で結んだ記号の列を論理式という。ただし、記号列の構成には一定の規則があり ¬ は ¬A の形で、∨、∧、→ はすべて $A \vee B$ などの形で用いる。また記号 A、B などは直接は並べられない。$(¬A \rightarrow (A \vee B)) \rightarrow (C \wedge A)$、$A \rightarrow (B \rightarrow A)$ などは論理式の例であり、$A \rightarrow \rightarrow A$ とか、$AB¬$ とか、$A¬B$ などは論理式ではない。もう少し正式に定義しておく。

(1) A、B などはそれ自身論理式である。
(2) X、Y が論理式なら ¬X、$X \vee Y$、$X \wedge Y$、$X \rightarrow Y$ も論理式である。

(3) (1)、(2)で作られるもののみが論理式である。
(1)は論理式の材料を、(2)は論理式の作り方を、(3)は添加物がないことの保証を与えている。このようにして作られた論理式の全体は実質は複合命題全体の集合 P と一致しているが、意味内容を捨象している点が違っている。ここでは同じく P という記号で論理式の全体を表わすことにする。

形式的証明の方法

この集合 P の内部で形式的な証明という概念を考えよう。形式的証明とは一口でいうと、論理式の変形規則のことである。人がふつうに〝論理的に〟ものを考えるときに、どういうメカニズムでそれを行っているのだろうか。その規則さえうまく抽出できるなら、論理式の変形規則もそのメカニズムにのっとって構成すればよい。

このメカニズムの抽出の方法はごく大まかにいって二通りある。一つは変形規則を増やし、その替わりに議論の出発点を単純なものにしておくゲンツェン（1909-1945）の方法、もう一つは議論の出発点をやや複雑にする替わりに、変形規則の方を簡単にするヒルベルト流の方法である。

ここではヒルベルト流の方法について説明しよう。
次の形の論理式を公理と呼ぶ。

(1) $X \to (Y \to X)$

(2) $(X \to Y) \to ((X \to (Y \to Z)) \to (X \to Z))$

(3) $X \wedge Y \to X, \quad X \wedge Y \to Y$

(4) $X \to (Y \to X \wedge Y)$

(5) $X \to X \vee Y, \quad Y \to X \vee Y$

(6) $(X \to Z) \to ((Y \to Z) \to (X \vee Y \to Z))$

(7) $(X \to Y) \to ((X \to \neg Y) \to \neg X)$

(8) $\neg \neg X \to X$

ただし、X, Y, Z はどんな論理式でもよい。この公理は X, Y, Z と論理記号 $\neg, \vee, \wedge, \to$ と補助記号（ ）の有限列であるが、慣れてくると複合命題としての意味が見えてくる。しかし、それは本音であって建て前はあくまでも無意味な記号の有限列である。このような記号列の変形規則として、われわれはモーダス・ポーネンスと呼ばれる次の規則を採用する。

(*) X と $X \to Y$ から Y を導く。Y を X と $X \to Y$ の直接結果という。

この公理(1)〜(8)と(*)の九つをわれわれのシステムとして採用し、次のように形式的証明というものを定義する。形式的証明とは次の条件を満たす論理式の有限列 $X_1, X_2, \cdots, X_n$ のことをいう。

条件　各 X_i は公理であるか、または X_i 以前の二つの論理式の直接結果である。

この論理式の有限列の最後にくる論理式 X_n を定理

といい、この列を論理式 X_n の長さ n の証明という。これはわれわれが普通に証明と呼んでいるものの模型であるが、模型は模型としての限界を持つと同時に、本物に比べてそのとり扱いが簡単であるという長所を持つ。

試みに形式証明の例をあげておこう。ここでは自同律 $A \to A$ をとりあげる。公理(1)において $X = A, Y = A \to A$ とすると、$A \to ((A \to A) \to A)$、公理(2)において $X = Z = A,\ Y = A \to A$ とすると、$(A \to (A \to A)) \to ((A \to ((A \to A) \to A)) \to (A \to A))$、これらを用いると次の証明が得られる。

1. $A \to (A \to A)$ 　　　　　　　　　　　　公理(1)
2. $(A \to (A \to A)) \to ((A \to ((A \to A) \to A)) \to (A \to A))$
 　　　　　　　　　　　　　　　　　　　　　公理(2)
3. $(A \to ((A \to A) \to A)) \to (A \to A)$ 　　　　　1, 2 より
4. $A \to ((A \to A) \to A)$ 　　　　　　　　　　公理(1)
5. $A \to A$ 　　　　　　　　　　　　　　　　3, 4 より

したがって自同律 $A \to A$ はこのシステムでの定理である。一般に定理であるような論理式に対してその形式証明を発見するのはけっして簡単ではない。これは詰将棋にも似た頭の体操となる。以下、いくつかの定理をあげるので、その形式証明を発見してみるのも一興と思う。

(1) $A \lor B \to B \lor A$

(2) $(A \to B) \to (\neg B \to \neg A)$
(3) $A \lor \neg A$

統辞論的方法

さて、P内で証明可能な論理式、すなわち定理の全体をSと書こう。この段階でわれわれは、Pに以前の真偽概念を基にした差異化の構造とは違った、証明可能か否かという概念を基にした差異化の構造を構成したことになる。この視点で見ればP内の論理式はSに入るもの、すなわち証明可能なものと、Sに入らないもの、すなわち証明不能のものと二種類あることになる。

このような差異化の構造を、真偽概念による意味論的方法に対して統辞論（文法論）的方法という。意味論的方法と統辞論的方法とはまったく別の視点に立つ方法であって、一般には同じ構造にはならないかも知れない、と考える人間が現われたとしても不思議はない。

意味と形式

一般論としては、P内のトートロジーの全体Tと証明可能な論理式の全体Sとの関係は次のような場合が考えられる。

(1) SがTより大きい。すなわち証明できるにもか

かわらず正しくない命題がある。
(2) T が S より大きい。すなわち正しいにもかかわらず証明できない命題がある。
(3) T と S が一致する。すなわち証明できる命題は正しく、逆に正しい命題はすべて証明できる。
(4) T も S も互いにはみ出している。すなわち正しいのに証明できない命題もあり、証明できるのに正しくない命題もある。
(5) T と S とは無関係である。

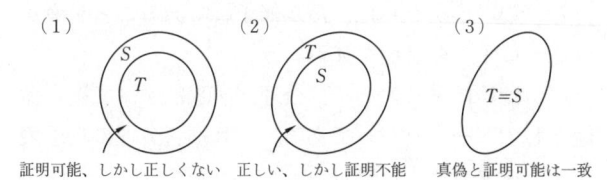

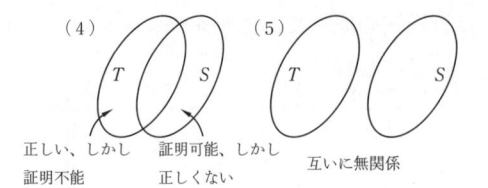

(1) 証明可能、しかし正しくない
(2) 正しい、しかし証明不能
(3) 真偽と証明可能は一致
(4) 正しい、しかし証明不能／証明可能、しかし正しくない
(5) 互いに無関係

われわれのふつうの感覚では、T と S との関係は(3)であるのが当然である。しかし可能性としては(1)～(5)までがあり、ここに先ほど述べた模型の限界と面白さがあるのである。ではこの模型 P の場合、(1)～(5)のどれが成り立つのだろうか。実はこの模型 P につ

いては、論理は人間の自然な感覚を裏切らず(3)が成り立つ。すなわち証明できることは正しく、正しいことはすべて証明できるのである。

4 　模型としての論理の無矛盾性と完全性

われわれの論理 P においては証明できる論理式、すなわち定理はすべて正しい、つまりトートロジーである。この事実からは、P が無矛盾であることが導かれる。以下その証明を述べよう。

P の統辞体系において、公理(1)〜(8)はすべて複合命題としてトートロジーである。これは各公理の真理表をチェックすれば分かる。ここでは例として公理(7)（これは背理法の原理である）をチェックしてみよう。

X, Y	$X{\to}Y$	ﾌY	$X \to $ﾌ$Y$	ﾌX	$(X{\to}$ﾌ$Y)\to$ﾌX	公理(7)
0　0	1	1	1	1	1	1
0　1	1	0	1	1	1	1
1　0	0	1	1	0	0	1
1　1	1	0	0	0	1	1

上の真理表で見るように確かに公理(7)はトートロジーである。他の公理も同様にチェックできる。また、トートロジーの性質として、X がトートロジー、X

→YがトートロジーならYもトートロジーであったことに注意しておく。

さて今Xが定理だったとしよう。したがってXは長さnの形式証明を持つ。もし$n=1$であれば、Xの証明は1.Xで終わりであるから形式証明の約束によりXは公理となり、Xはトートロジーである。そこで数学的帰納法を用いて、長さが$n-1$以下の形式証明を持つ定理はすべてトートロジーであると仮定する。Xの長さnの形式証明を観察してみると、Xが公理でなければ、Xはそれ以前の二つの論理式の直接結果となっている。つまりXの証明は次のような構造をしているはずである。

 1.X_1, 2.X_2, $\cdots$, k.X_k, $\cdots$, i.$X_i = X_k \to X$, $\cdots$, n.X

そこでこの形式証明をk番目で切ってみると、それはX_kの長さkの形式証明となっているし、またi番目で切れば、それはX_i、すなわち$X_k \to X$の長さiの形式証明となっている。ところが、kもiももちろんnより短いから、帰納法の仮定によってX_kと$X_k \to X$はどちらもトートロジーとなり、前に注意したトートロジーの性質によってXもやはりトートロジーとなることが分かる。

このようにしてわれわれの模型Pでは少なくとも形式証明できる論理式は正しいことが分かる。

P の無矛盾性と完全性

ある形式証明のシステムの中に X と $\daleth X$ が同時に証明可能となるような X が存在するとき、そのシステムは矛盾するといい、そのような X が存在しないとき、無矛盾であるという。$\daleth$ は意味的には否定であったから、上に述べた無矛盾ということは確かにわれわれの直観に〝矛盾〟しない。さて、このとき次が成り立つことが分かる。

定理　われわれの模型 P は無矛盾である。

なぜかというと、もし P が矛盾するなら X と $\daleth X$ が同時に証明可能となる論理式 X があるが、このとき今証明したことから X と $\daleth X$ は複合命題としてともにトートロジーとなってしまい、以前に述べたトートロジーの性質(1)に反する。

以上が P の無矛盾性の証明である。逆にすべてのトートロジーは形式証明可能であることも証明される。この逆の定理を完全性定理と呼ぶ。この完全性は次のように考えるとその内容的な意味がはっきりするであろう。

X の真偽が定まっている場合、すなわち X が整合式でないとき、P の中では X か $\daleth X$ のどちらかがトートロジーとなり証明できる。X が整合式の場合には X の内容が確定していないため、X か $\daleth X$ が証明できるとは限らないが、これは P が不完全であるこ

とを意味するわけではない。内容があいまいなら証明できないことはごく自然なことであろう。

弱いシステム、強いシステム

このようにわれわれのシステム P は無矛盾かつ完全であることが分かったが、これはこのシステム P がある意味で〝弱すぎる〟ことからきている。システム P は数学上の豊かな内容を記述するには少々貧弱なのである。事実システム P の中では自然数論も構成することができない。それなら自然数論を含む数学をきちんと構成できるシステムを作り上げておけば、それを用いて現代数学を展開できるだろう。これは先の意味で〝強い〟内容豊かなシステムということになる。

ところが、一方でもしこのシステムの中で、内容にあいまいな点がないにもかかわらず、X も ¬X も証明できないような論理式 X が存在したとすれば、こんどはまさしくそのシステムが不完全であることを意味することになる。このような X はトートロジーではない。しかし X の内容を調べることにより X の内容が〝正しい〟と解釈できたとしたら事は重大である。この不完全さは、そのシステム内では〝正しい〟にもかかわらず形式証明という手段ではその〝正しさ〟を保証することができないことを意味する。

これこそがゲーデル (1906-1978) のいわゆる不完全性定理の核心であり、しかも重要なことは、この不完全性はその形式自体の中に内蔵されているという発見であった。

5　形式の限界・ゲーデルの不完全性定理

前節の最後に述べたように、ゲーデルの不完全性定理は自然数論を含む無矛盾な形式的システムが本質的に不完全であることを示している。これは公理の選び方や推論規則の指定の仕方がうまくなかったのだということではなく、形式化それ自体が本質的に含んでいる問題なのである。しかし、そのこと自体は古くから有名な「嘘つきのパラドックス」の胎内にすでに宿っていたのであり、ゲーデルはこのエイリアンの産婆役を務めることになったのであった。

「嘘つきのパラドックス」とはこういうものである。「私が今言っていることは嘘だ」さて、これは本当だろうか、それとも嘘だろうか。いささか錯乱状態に陥りそうだが、これは本当だとすると嘘、嘘だとすると本当という奇妙なパラドックスを生じる。

自己言及による不思議の輪

これを少し言い替えて、「この命題は証明できない」という命題を考えてみよう。この命題が正しいとする。すると「　」内の文章は正しく、したがってこの命題は証明できない。正しいにもかかわらず証明できない命題がいとも簡単に構成できた！　これがゲーデルの定理の原形なのだが、実はちょっとした問題点がある。「　」内の命題の内容にあいまいな個所はないだろうか。もう一度「　」内の文章を注意深く点検してみよう。すると、〝この命題〟という言葉にひっかかる。この命題とは何を指すのだろう。この命題とは今ここで言われているこの命題である。すると「　」内の命題は正しくは「この『この命題は証明できない』は証明できない」となり、これは無限に続く入れ子構造を構成してしまい、命題の内容はいつまでたってもあいまいなままなのである。

　このような命題をふつう、自己言及命題といい、数学では命題としては扱わない。しかし、もしこの「この命題は証明できない」と同じ内容を持つ命題をきちんと数学的に構成することができれば、まさしくそこにこそ形式の限界が露呈することになろう。これは見方によっては数学という学問に一定の限界があるということを示しているとも考えられるかも知れない。

　しかし、人が大脳を用いて大脳の構造を考えることや、人間文化の各階層にホフスタッター言うところの

自己参照による不思議の輪現象が存在することを考えると、このような限界があることこそが数学という学問を面白くしてくれるのだ、という見方もできる。
『不思議の国のアリス』の作者であるルイス・キャロルは本名をＣ・Ｌ・ドジソンという数学者だが、ドジソンが現代に生きていてこの結果を知ったなら、狂喜するに違いない。そして不思議の国のアリスをしのぐ傑作をものして、われわれを楽しませてくれたに違いないと思う。実際アメリカの数学者兼プロのマジシャンであるＲ・スマリヤンは、二重ゲーデル島というワンダーランドを創造し、パズルの世界でわれわれを楽しませてくれている。

ゲーデルの不完全性定理

ではゲーデルの方法をたどりながら「この命題は証明できない」という命題の数学的な構成を考えてみよう。

われわれは命題を考えた際、変数のとり扱いをあまりきちんとしてこなかった。たとえば「$x>1$」だけでは命題の真偽は定まらない。xに具体的な数字が入れば真偽が定まるが、もう一つ、この文章に「すべてのxについて」とか「……となるxがある」とかいう文章をくっつけて、「すべてのxについて$x>1$である」とか「$x>1$となるxがある」とかいう文章に

4 ―形式の限界・論理学とゲーデル　181

直すと真偽が定まるようになる。こうすると文字 x は見かけ上は変数だが、本質的な変数ではなくなる。このような見かけ上の変数を束縛変数といい、ふつうの変数を自由変数という。このような束縛変数、自由変数、および自然数論を含む形式的システムを K とする。

さて、このシステムの中で自由変数を一つ含む命題をすべて集めてみよう。このような命題の中に現われる自由変数 y にある数を代入すると真偽の定まった命題となる。ところですべての命題は有限個の記号列であるからどう多くてもたかだか可算個、すなわち $\aleph_0$ 個しかない（第2章参照）。したがって、そのような一変数 y を含む命題に通し番号を打つことができる。このように番号づけられた、一変数 y を含む命題を順に $f_1(y), f_2(y), \cdots, f_n(y), \cdots$ としよう。

ただし、この番号づけは細心の注意を払い、かつ具体的に行う必要がある。すなわち、一変数 y を含む命題を一定の方法である自然数 n に対応させるとともに重要なことは逆に番号 n が与えられたとき、その数字から元の命題がきちんと復元できることである。このためにゲーデルはゲーデルのコード化という方法を考案し、その結果それぞれの命題にゲーデル数と呼ばれる数を割り当てることに成功したのである。

ゲーデルのコード化についてはあとで詳しく説明す

ることにして、ここでは $f_1(y), f_2(y), \cdots, f_n(y), \cdots$ という番号づけができたとする。次に形式証明についても同様の考察を行う。形式証明とは一定の規則にしたがった命題の列、すなわち、記号列の列であるが、この記号列の列もゲーデルのコード化で一つの数に対応させることができる。このようにして形式証明そのものを一つの数 n で代表させる。もちろん数 n が与えられれば、もとの形式証明を復元することができる。

「この命題は証明できない」

さて以上の準備の下で次のような命題を作ってみよう。

「ゲーデル数が k である一変数 y を含む命題の変数 y に、数 l を代入した命題の形式証明のゲーデル数となる数 x が存在する」

この命題を $\exists x P(x, k, l)$ と書く。$\exists x$ は「……となる x がある」という意味の記号である。前に述べたようにこの x は束縛変数であるから、k, l に具体的な数が入れば、この命題 $\exists x P(x, k, l)$ はあいまいさを持たない命題となる。

さて、ここで k, l を変数 y で置き替えて フ$\exists x P(x, y, y)$ という命題を考えよう。フ は否定であり、y は自由変数である。これは一つの自由変数 y を含む命題であるから、先ほどの命題の列 $f_1(y), f_2(y), \cdots, f_n(y),$

…のどれかである。今 ￢∃$xP(x,y,y)$ が n 番目だったとする。すなわち ￢∃$xP(x,y,y) = f_n(y)$ である。ここで $f_1(y), f_2(y), \cdots$ について次の一覧表を作っておく。

			内容		
	1,	2,	・・・,	n,	・・・
$f_1(y)$	$f_1(1)$	$f_1(2)$	・・・	$f_1(n)$	・・・
$f_2(y)$	$f_2(1)$	$f_2(2)$	・・・	$f_2(n)$	・・・
・		・			
・		・			
・		・			
$f_n(y)$	$f_n(1)$	$f_n(2)$	・・・	$f_n(n)$	・・・
・					
・					
・					

ここで対角線に着目する。y に n を代入した命題、￢∃$xP(x,n,n)$ を作ってみよう。すると前に述べたようにこの命題は変数を含まずあいまいさを持たない命題となるが、その内容はどうなるだろうか。￢∃$xP(x,n,n)$ を解釈してみよう。

￢ は否定なので最後につけ加えればよいから、∃$xP(x,n,n)$ について考えよう。これは「ゲーデル数が n である一変数 y を含む命題（すなわち $f_n(y)$）の

変数 y に数 n を代入した命題の形式証明のゲーデル数となる x が存在する」という内容を持ち、したがってフ∃$xP(x,n,n)$ はこれの否定、すなわち繰り返しを嫌わずに書けば「ゲーデル数が n である一変数 y を含む命題の変数 y に数 n を代入した命題の形式証明のゲーデル数となる x は存在しない」となる。

ところが、ゲーデル数 n を持つ一変数 y を含む命題とは $f_n(y)$ のことであり、$f_n(y)$ とはすなわちフ∃$xP(x,y,y)$ であった。すなわち上の文章を簡単に書けば、「フ∃$xP(x,n,n)$ の形式証明は存在しない」ということで「フ∃$xP(x,n,n)$ は証明できない」ということになる。ところが、この「　」内の命題こそフ∃$xP(x,n,n)$ に他ならない！

ついにわれわれは「この命題は証明できない」のきちんとした数学的表現を入手することに成功したのである。

決定不能命題

この命題フ∃$xP(x,n,n)$ は形式的にあいまいなところがないにもかかわらず、それ自身も、またその否定も形式的に証明することができない。さらにその意味を考えれば、自身が証明できないことを主張しているのだから、まさに〝正しい〟命題なのである。

仮にフ∃$xP(x,n,n)$ の形式証明が存在したとしよ

う。この形式証明のゲーデル数を m とすると、m はようするに n 番目の命題の証明のゲーデル数であり、したがって $P(m,n,n)$ が成り立つ。このことから $\exists x P(x,n,n)$ が証明されることになるが、これはこのシステムが無矛盾である、すなわち A と ¬A が同時に証明されることはないという仮定に反する。したがって ¬$\exists x P(x,n,n)$ は証明できない。

一方 ¬¬$\exists x P(x,n,n)$、すなわち $\exists x P(x,n,n)$ が証明できると仮定する。前段で ¬$\exists x P(x,n,n)$ が証明できないことが示されたが、これはどんな数 m をとってきても $P(m,n,n)$ が成り立たないということに他ならず、これから実際に、$\exists x P(x,n,n)$ が証明できないことが示される。したがって ¬¬$\exists x P(x,n,n)$ も形式証明できない。

ここで用いられた論法が一種の対角線論法(第2章参照)であることに十分注意を払ってもらいたい。一変数の命題をすべて一列に並べ、$f_1(y), f_2(y), \cdots$ として $f_1(1), f_2(2), \cdots, f_n(n), \cdots$ を考察するというのはまさしく対角線論法そのものである。カントールによって集合の階層構造を引き出すために考案された対角線論法は、集合論内のパラドックスと絡まりあいながら、ゲーデルによる決定不能命題の発見という20世紀数学の最高の結果の一つを生み出すにいたったのである。

ところで、¬$\exists x P(x,n,n)$ は正しいにもかかわらず、

証明ができない命題であるといったが、この証明はあくまで、形式証明の意味である。ヲ∃$xP(x, n, n)$ は自分自身が形式証明不能であることを主張し、ゲーデルの不完全性定理は、その事実が正しいことを〝非形式的に〟証明していると考えられる。超越的な立場があるとすれば、われわれの非形式的証明はそこに足場を持つ。

われわれが見たのは〝形式の限界〟であって〝証明の限界〟ではないことには十分に注意を払う必要があろう。不完全性定理は「正しいけれども証明できない定理」という形で流布しているが、その内容はこのように理解されるべきである。

ゲーデルのコード化

では最後に、ゲーデルによる論理式のコード化について説明しておこう。これは暗号文の作製およびその解読とまったく同一である。もちろん、この場合には誰にでも解読できることが重要なので、暗号の場合とはコンセプトが逆になっているが、記号列の変換規則という点では同じである。

まずこのシステムの中で数を形式的に扱うために記号 O と S を用意する。ただし O は0を、S は +1 を意味し、SO は1、SSO は2を表わし、以下同様に続く。さて、われわれの各記号に次のように数を割り当てる。

また記号 $x, y, z, \cdots$ などには11から始まる素数を、命題変数 $A, B, C, \cdots$ などには 11^2 から始まる素数の2乗などを割り当てる。

記号	ゲーデル数	記号	ゲーデル数	記号	ゲーデル数
¬	1	x	11	A	11^2
∨	2	y	13	B	13^2
→	3	z	17	C	17^2
∃	4	·	·	·	·
=	5	·	·	·	·
O	6	·	·	·	·
S	7				
(	8				
)	9				

さて具体的に命題を数値化するために、たとえば次の命題を考える。

$\exists x(Sx = O)$ すなわち $x+1 = 0$ となる数 x が存在する。

∃	x	(	S	x	=	O	)
↕	↕	↕	↕	↕	↕	↕	↕
4	11	8	7	11	5	6	9

この数 $4, 11, 8, 7, 11, 5, 6, 9$ が上の命題を特徴づけているが、これを一つの数で表わすために、

$$a = 2^4 \cdot 3^{11} \cdot 5^8 \cdot 7^7 \cdot 11^{11} \cdot 13^5 \cdot 17^6 \cdot 19^9$$

という数を作る。自然数の素因数分解の一意性により

数 a が与えられれば a を素因数分解することによって各素数の冪(べき) 4, 11, 8, 7, 11, 5, 6, 9 を復元することができ、もとの命題が復元できることが分かる。このようにして対応づけられたゲーデル数は一般に非常に大きな数になってしまうだろうし、さらにすべての自然数が命題のゲーデル数になっているわけではない。欠番もたくさんある。つまり前に述べた一変数の命題にゲーデル数という通し番号を打つという言い方は正確ではなく、一変数の命題をゲーデル数の小さいものから順に並べ、ゲーデル数と同じ番号を割り当てる。欠番があってもかまわないものとする。

たとえば数 8857350 は $2^1 \cdot 3^{11} \cdot 5^2$ と素因数分解され、したがって数 1, 11, 2 が得られるがこれを記号に復元すると $\neg x \vee$ となり、これは命題とならない。したがって第 8857350 番は欠番となる。また数 $2^{121} \cdot 3^3 \cdot 5^{121}$ は $2^{11^2} \cdot 3^3 \cdot 5^{11^2}$、すなわち $A \to A$ を表わす。このようなゲーデルのコード化によって、われわれは数をある場合には本当の数として、また別の場合にはその数を命題として、さらに別の場合にはその数を命題の列、すなわち証明として扱うことが可能になったのである。

システムとメタシステム

本来、あるシステムについて語るためには、そのシ

ステムを外側から眺める立場、いわゆるメタシステムが必要である。たとえば「リンゴは赤い」という文章と「『リンゴは赤い』は肯定文である」という文章を比べてみると後者はメタシステムに属する文章となる。

同様に「$\exists x(x>1)$」と「『$\exists x(x>1)$』は証明可能である」という文章を比べてみれば、後者はメタシステムに属する文章であり、本来は前者と同じシステムの中では扱うことができない性格のものだったのである。

ところがゲーデルのコード化による数 n の三通りの解釈法によって、本来メタシステムの中でしかとり扱えないはずの文章を、システム自体の中でとり扱えるようになった。ゲーデルの不完全性定理はこのようにも解釈できる。この場合、形式化の限界が見えたという側面より、形式化による新しい数学が拓けたという側面を強く感じるのは、なにもルイス・キャロルだけではないという気がするのは、数学を生業としている者の欲目であろうか。

神の論理・人の論理

論理についてはまだまだ面白い話題がある。そのうちの一つを最後に述べてこの章を終わることにする。山田正紀の出世作に『神狩り』（早川書房）というSFがある。冒頭から、20世紀最大の哲学者の一人である

ヴィトゲンシュタインと、集合論のパラドックスのところに登場した数学者バートランド・ラッセルが出てきて、理屈っぽいSFが好きな読者は思わず引き込まれてしまうが、そのあらすじはこうである。

　ある花崗岩石室の壁に古代文字が発見される。その古代文字を機械翻訳などを研究している論理学者が分析してみると、なんと、その古代文字はたった二つの論理記号しか持たず、立派に論理を操っている。人間は五つの論理記号を用いなければ、論理を操ることができないというのに。このような二つの論理記号で論理を操る存在というのは、人類ではなく「神」とでも言うべき存在だ。しかも、その「神」は面白半分に人類をもてあそんでいる。「神」の言語には関係代名詞が十三重以上に組み合わさっているというのも面白いが、さしあたっては論理記号を問題にしよう。

　確かにわれわれは基本論理記号として ㄱ, ∨, ∧, → の四つを選んだが、この四つは本当に必要なのだろうか、たとえば → を他の記号の組み合わせで表現することはできないのだろうか。実は神ならぬ人間の身であっても、→ を他の記号の組み合わせで表現することは可能である。

A, B	$A \to B$	$\neg A \vee B$
0 0	1	1
0 1	1	1
1 0	0	0
1 1	1	1

　この真理表を見ると $A \to B$ の真偽値と $\neg A \vee B$ の真偽値がまったく一致することが分かる。すなわち $A \to B$ ということと $\neg A \vee B$ とは同じ内容を持つのである。これを A ならば B である、A でないかまたは B である、と口に出して何度も言ってみてほしい。これらが同じ内容を述べていることが実感できるはずである。さらに $A \wedge B$ は $\neg(\neg A \vee \neg B)$ と同じとなり、実は人間もたった二つの論理記号 $\neg$ と $\vee$ ですべての論理を操ることができるのである。

　さらにもっと驚くべきことに、次のような真偽値をとる複合命題を $A \downarrow B$ という記号で表わすことにすると、この $\downarrow$ 一本のみですべての命題を表わすことができ、論理を操ることができることが知られている。

A, B	$A \downarrow B$
0 0	1
0 1	0
1 0	0
1 1	0

　試しに、$A \downarrow A$ を作ってみると次の表のようになり、

$A \downarrow A = \neg A$ ということになる。

A	$A \downarrow A$
0	1
1	0

また $(A \downarrow B) \downarrow (A \downarrow B)$ の真理表を作ってみることにより $(A \downarrow B) \downarrow (A \downarrow B) = A \vee B$ ということも分かる。

A, B	$(A \downarrow B) \downarrow (A \downarrow B)$	$A \vee B$
0 0	0	0
0 1	1	1
1 0	1	1
1 1	1	1

すべての複合命題を ¬、∨ で構成することができたことを考慮すれば ↓ のみですべての複合命題を表わすことができることが分かる。$A \rightarrow B$ を ↓ を用いて表現してみると面白いであろう。

このようにただ一つの論理記号で論理を操ることができる人類は、実はメタ神なのだろうか。

5 ― 現代数学の冒険

1　あいまいさの数学・ファジイ理論

　新聞などで、ファジイ制御、ファジイ理論といった見慣れない言葉を見つけたことのあるかたはおられるだろうか。ファジイという英語そのものがあまりポピュラーではないが、試みに手元にある英和辞典（『新英和中辞典』研究社）で調べてみると、
　fuzzy〔fʌ́zi〕*a.* **1**けばのような、微毛状の、けば立った。**2**ほぐれた、ちぢれた。**3**ぼやけた、とある。ちょっとみると、何かけば立ったものに関する物理学的理論のように見えるが、実は、数学ではファジイは三番目の意味で用いられている。ぼやけたもの、あいまいなものに関する数学理論、それがファジイ理論である。
　数学は一般にあいまいさとは無縁な学問であると考えられている。答えが一意的に定まる点が数学のいいところだと考えている人も多いだろう。答えがただ一つに決まってしまうという見方は誤解されている面も多いが、同じ証明の手続きをたどっていけば、確実に同一の結果に到着するという点では、客観性を持っているともいえる。このような数学の性格とあいまい性とがどのように結びつくのだろうか。そもそもあいま

い性を数学で扱うことができるのだろうか。

このような問いに答えるべく発表されたのが、カリフォルニア大学のL・A・ザデーによるファジイ集合の概念で、1965年のことであった。以来ファジイ理論は数学のみならず、工学、とくに制御理論、システム理論などにさまざまな応用がなされている。

「あいまいさ」と「でたらめさ」

われわれは日常生活において、いろいろな不確定な事柄に囲まれて生活している。この不確定さをもう一度分析し直してみると、そこには大まかにいって二つの異なった事柄が含まれていることが分かる。

一つは確率的な不確定さである。たとえばサイコロを振ったとき、1から6までの目がでたらめに出るとはいうが、サイコロの目の出方はあいまいであるとはいわない。サイコロの目の出方はでたらめなのであって、あいまいではない。つまり、これは確率的な現象である。一方ある女性が美人であるかどうかは、あいまいな概念であるが、でたらめな概念ではない。つまりでたらめさは確率というすでに確立した数学で精密に扱える「モノ」であり、一方あいまいさは「モノ」ではなく「コト」であって、これは確率的現象とは異なる。

サイコロの出る目の集合は $\{1, 2, 3, 4, 5, 6\}$ と確定

するが、美人の集合は少なくともカントール流の集合の定義にはなじまない。特定の女性がこの集合に入るかどうかが決定できないからである。そのため、ザデーはファジィ集合の概念を提出し、美人の集合とか背の高い人の集合といったあいまいな境界を持つ集合を定義することに成功した。以下にザデーによるファジィ集合の定義を述べる。

主観に数値を与える

今考えているもの全体の集合を宇宙と呼び、Uと書く。Uの各要素xとある概念Aを考えよう。概念Aはたとえば美人であるとか、背が高いとかのあいまいな個人的な概念でよい。ふつうの集合論に従えば、概念Aを満たす要素xの集合、$\{x|x は A を満たす\}$は規定できない。そこでザデーはUの各要素xに対してxが概念Aを満たす度合を与え、この度合そのものをファジィ集合Aと呼んだのである。

きちんとした定義を与えよう。$0 \leq r \leq 1$となる実数rの集合を記号$[0,1]$で表わし、閉区間という。

定義　写像$m_A(x):U \to [0,1]$をファジィ集合Aの帰属度関数といい、一つの帰属度関数$m_A(x)$によってファジィ集合Aが決定するという。

$m_A(x)$の値は$0 \leq m_A(x) \leq 1$を満たしているが、これは要素xがAに属している確率を与えているわけ

ではないことに十分注意しよう。$m_A(x)$ は確率という客観的、実験的規則で定まる数値ではなく、概念 A をむしろ主観的に数値化することで得られる。概念 A の持つあいまいさはこの主観的数値化の中に含まれてしまうと考えられる。

例として「背の高い人」のつくるファジイ集合 A について考えてみよう。U を日本人全体の集合とし、A の帰属度関数 $m_A(x)$ を著者の主観にしたがって次のように決める。ただし、身長は cm で測るものとしよう。

$U \ni x$, $\quad 180 \leqq x$ $\quad$ なら $m_A(x) = 1$

$\quad 175 \leqq x < 180$ $\quad$ なら $m_A(x) = 0.8$

$\quad 160 \leqq x < 175$ $\quad$ なら $m_A(x) = 0.6$

$\quad 150 \leqq x < 160$ $\quad$ なら $m_A(x) = 0.5$

$\quad 140 \leqq x < 150$ $\quad$ なら $m_A(x) = 0.3$

$\quad 120 \leqq x < 140$ $\quad$ なら $m_A(x) = 0.1$

$\quad x < 120$ $\quad$ なら $m_A(x) = 0$

とする。このように $m_A(x)$ の値が 1 に近くなればなるほど、x がファジイ集合 A に属する度合が大きく、0 に近くなればなるほどファジイ集合 A に属する度合が小さくなる。とくに $m_A(x) = 1$ となるときは、すべての人が共通に要素 x は概念 A を満たすと認める、つまり、x が A に属するかどうかにあいまいさがないということであり、$m_A(x) = 0$ は要素 x は概

念 A を満たさないということである。

カントールによるふつうの意味での集合は帰属度関数が0か1の値しかとらない特別なファジイ集合であると考えられる。したがってファジイ集合はふつうの集合の概念を拡張したものである。

ファジイ集合の性質

ファジイ集合に対してもふつうの集合の場合と同様に二つのファジイ集合 A と B が等しいとか、A と B の和集合や共通部分を考えることができる。

まずファジイ集合 A と B が等しいということをどのように決めるのが合理的か考えてみる。ファジイ集合とはぼんやりと広がった集合で、それを決定しているのは帰属度関数であったことを思い出せば、二つのファジイ集合 A, B が等しいということを、すべての要素 x について $m_A(x) = m_B(x)$ となるときと決めるのが最も自然であろう。この意味は、「背が高い」とか「美人である」などの概念について A の意見と B の意見が一致した場合であると考えればよい。

これからごく自然にファジイ集合 A がファジイ集合 B に含まれるということ、すなわち $A \subset B$ も定義できる。

　　定義　すべての要素 $x \in U$ について常に $m_A(x) \leqq m_B(x)$ となるとき、ファジイ集合 A はファジ

イ集合Bに含まれるといい$A \subset B$と書く。

これはUの各要素xについて概念Aを満たす度合より概念Bを満たす度合の方が大きいということである。とくに、$m_A(x)=1$なら帰属度関数の定義より$m_B(x)=1$となる。つまりすべての人がxはAであると認めるならば、xは必ずBにもなっていることが分かる。

ファジイ集合Aに対して、ファジイ集合A^2の帰属度関数$m_{A^2}(x)$を$(m_A(x))^2$で決める。条件$0 \leq m_A(x) \leq 1$より$0 \leq m_{A^2}(x) \leq 1$となり、$m_{A^2}(x)$は確かに帰属度関数となる。さらに$0 \leq m_{A^2}(x) \leq m_A(x) \leq 1$であるから定義によって$A^2 \subset A$である。

このファジイ集合A^2を概念Aに「とても」という副詞をつけた概念で決まるファジイ集合とでも呼んでみると、その感じがつかめるのではないかと思う。たとえばAが「背が高い人の集合」なら、A^2は「とても背の高い人の集合」となる。帰属度の大小が、特定のxがそのファジイ集合に属する度合の強弱を示しているから、A^2が「とても」という概念の一つの解釈となっていることが分かる。

和集合・共通部分

A, Bを二つのファジイ集合としたとき、AとBの和集合や共通部分を表わすファジイ集合$A \cup B$や

$A \cap B$ を構成しよう。ファジイ集合 A を決定する帰属度関数を $m_A(x)$、B の帰属度関数を $m_B(x)$ とする。A と B の和 $A \cup B$ の帰属度関数 $m_{A \cup B}(x)$ を〝$m_{A \cup B}(x)$ は $m_A(x)$ と $m_B(x)$ の大きい方〟、A と B の共通部分 $A \cap B$ の帰属度関数 $m_{A \cap B}(x)$ を〝$m_{A \cap B}(x)$ は $m_A(x)$ と $m_B(x)$ の小さい方〟とする。すなわち、

$m_{A \cup B}(x) = \max.(m_A(x), m_B(x))$ (max. は大きい方を示す)

$m_{A \cap B}(x) = \min.(m_A(x), m_B(x))$ (min. は小さい方を示す)

とする。$m_{A \cup B}(x)$, $m_{A \cap B}(x)$ はともに $0 \leq m_{A \cup B}(x) \leq 1$, $0 \leq m_{A \cap B}(x) \leq 1$ となるから、帰属度関数となる。たとえば、概念 A を「背の高い」、概念 B を「太った」とすると、帰属度関数 $m_{A \cup B}(x)$ で決まるファジイ集合 $A \cup B$ は「背が高いか、または太っている人」の集合、$A \cap B$ は「背が高くかつ太っている人」の集合を表わすことになる。これらの集合を用いて、あいまいさを含む概念を論理的に扱えるようになる。

この論理をファジイ論理と呼ぶが、これはわれわれの日常生活で用いる推論「彼女は女優の○○に似ている」「女優の○○ってとっても美人だね」「すると彼女も美人だろう」(○○には好みの名前を入れて下さい)をモデル化したものと考えられる。ここで用いられた「似ている」とか「美人」とかは、すべてファジイ集

合で表現されるあいまいな概念であるから、ファジイ論理は、日常的な論理により近い数学論理といえよう。

このようにしてファジイ理論は確率的な現象ではなく、主観的なあいまいさをともなっている概念を数学的な構造として捉えることに成功した。とくに工学への応用面では著しい成果を上げつつある。

一方でファジイ理論によって決定論化されたかに見えるあいまいさとは一体何なのだろうかという疑問も提出されている。帰属度関数 $m_A(x)$ の決定が概念 A にまつわるあいまいさをすべて払拭し、あいまいさを数値化していると言えるのだろうか。数学理論ではどうしても扱えないところにあいまいさの本質があるのではないか。

しかしこのような疑問はファジイ理論に対してはいささか的外れのような気がする。ファジイ理論はもともと、人間の情緒的な内部世界の探究をめざす理論ではなく、テクノロジカルな応用をめざして出発した理論である。ファジイ理論がどのような成果を生み出すかを興味を持って見守りたいと思う。

2　複雑さの数学・フラクタル理論

コンピュータの発達によって初めて拓くことができ

た数学理論の中で、最大の成果の一つはフラクタル幾何学の発展であろう。フラクタル（Fractal）とはB・マンデルブロ（1924- ）によって新しく造られた言葉で古い辞書には載っていない。フラクタルの説明をするために、われわれはまず次元というものの反省から始めよう。

次元とは何か

点は零次元、直線は一次元、平面は二次元、空間は三次元などという。アインシュタインの相対性理論によれば、この宇宙は四次元の時空連続体というものになっているらしい。

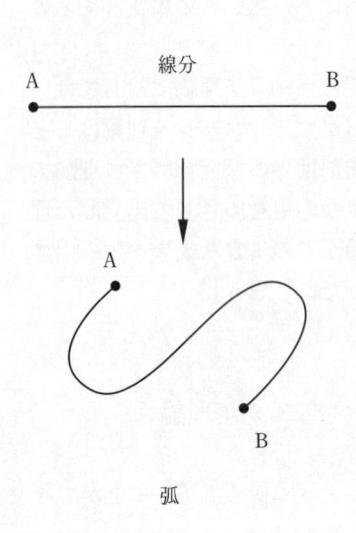

このように何気なく使われる次元という言葉に最初の深刻な反省を促したのは、第2章で述べたようにカントールの集合論だった。カントールによれば直線上の点と平面上の点や空間内の点とは一対一の対応がつき、点の多さはいずれも同じ

線分 A────B

↓

弧 A⌒B

5―現代数学の冒険　203

であった。次元とは点の多さの目盛ではないのである。

では次元とは一体何か。曲線が一次元であることぐらいは直観的に納得したいと思うのは人間の自然な感覚だろう。曲線とは何だろう。ごく素朴に弧とはある線分をくにゃくにゃっと曲げたものとしてみよう。これで別に問題はなさそうである。実際、われわれが日常的に見る弧はすべてこのようなものになっている。

ところが、この定義によると、曲げ方をどんどん複雑にしていくと、直観的には弧とは考えられないものまで弧の仲間に入れなくてはならなくなる。このよう

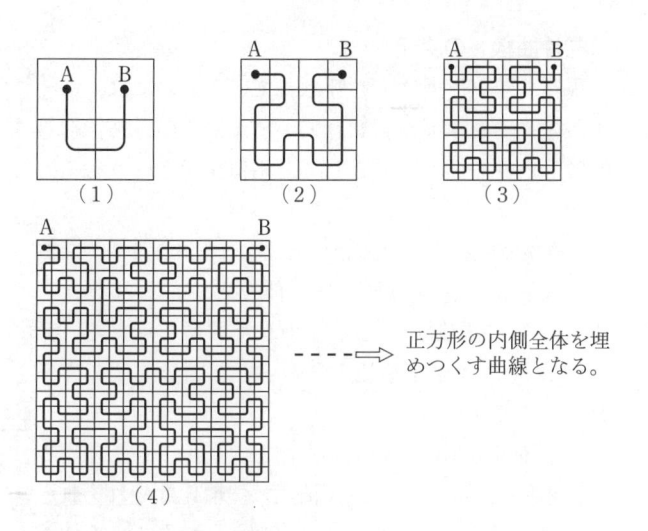

(1)　(2)　(3)

(4)

- - - ⇒ 正方形の内側全体を埋めつくす曲線となる。

な〝曲線〟はペアノ (1858-1932) によって初めて発見され、現在では彼の名前をとってペアノ曲線と呼ばれている。

線分の曲げ方に工夫をこらし、小きざみに曲げることを繰り返していくと、無限回の折り曲げの果てにこの弧は正方形の内部を埋めつくすようになる。この弧は一次元なのだろうか、それとも二次元なのだろうか。無限回の操作を含むこのような病理学的な図形の発見は、再び次元についてさらなる精密なとり扱いを要求した。そしてそれに答えるべく登場したのがフラクタル次元である。

「雪片曲線」の次元

現在フラクタル次元と呼ばれているものには、いくつかの違った次元が含まれているが、そのうち、初等的で分かりやすいものとして、相似次元という考え方を説明する。

一次元図形、二次元図形、三次元図形の典型的な例として、線分、正方形、立方体をとる。それぞれを A とし A を相似比 $1/2$ に縮小した図形を考える。元の図形 A はこの相似比 $1/2$ の小さな図形何個で作られるだろうか。

中学校で相似について学んだときに出てきたと思うが、相似比が r のとき、面積比、体積比はそれぞれ r^2,

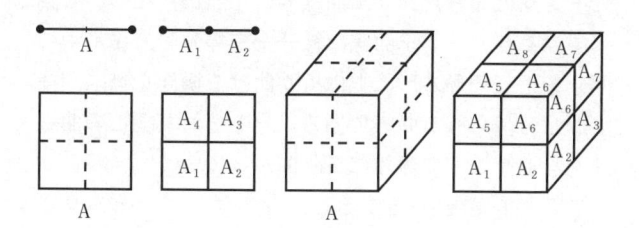

r^3 となる。したがって相似比 $1/2$ の場合、線分なら二個、正方形なら四個、立方体なら八個の縮小図形で元の図形を構成することができる。$2 = 2^1$, $4 = 2^2$, $8 = 2^3$ と書いたとき肩に現われる指数 $1, 2, 3$ が線分、正方形、立方体の次元を表わしているのである。三角形、四面体などでも同様で、一般に相似比 $1/a$ の縮小図形を考えると、平面図形なら a^2 個、立体図形なら a^3 個で元の図形を作ることができる。

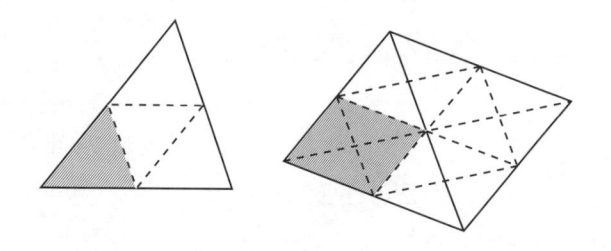

では今では典型的なフラクタル図形としてよく知ら

れるようになったコッホ曲線（雪片曲線）について調べてみよう。コッホ曲線は線分を三等分し、まん中の部分を正三角形の形に上に折り曲げる操作を無限回繰り返して得られる曲線である。見るとおり、この曲線は回を追うごとに複雑に折れ曲がっていく。

最初の長さを1とすると、各ステップでその長さは4/3倍になっていき、無限回の果てに元の長さの$\lim_{n\to\infty}(4/3)^n$倍すなわち長さが無限大の弧となる。つまりコッホ曲線は本来1しか離れていない二点A、Bを寄り道を繰り返して無限の長さで結んでいる。

① A———C———B

② A—／＼—B（Cが頂点の三角形が中央）

③ （より細かいコッホ曲線、Cが中央）

④ （さらに細かいコッホ曲線、Cが中央）
　⋮

ではコッホ曲線の"次元"

を計算しよう。②でACはもとの①の図形の相似比1/3の縮小図形で、②の図形はそれが四個で作られている。同様に③のACは②の相似比1/3の縮小図形で、③の図形はそれが四個で作られている。つまりコッホ曲線は全体を1/3に縮小した図形四個で構成されている。

したがって前の線分、正方形などの例と同様にコッホ曲線の〝次元〟をxとすれば、$4 = 3^x$となる。両辺の対数をとり、$\log 4 = \log 3^x = x \log 3$、だから$x = \log 4/\log 3$となる。対数表を用いてこの値を計算すれば$x = 1.26\cdots$となる。つまりコッホ曲線はだいたい1.26次元の図形ということになる。この1.26という値はコッホ曲線の〝広がり方の複雑さ〟の目盛になっていると解釈できる。つまり、コッホ曲線は直線と同じ一次元というには複雑に曲がりすぎているが、平面というほど前後左右に広がっているわけではない。

これらの例にもとづき、図形Xの相似次元を次のように定義する。

　　定義　Xを図形としX'をXの相似比$1/a$の縮小
　　図形とし、X'がb個用いてXが作られるとする。
　　このとき、Xの相似次元$D(X)$を$b = a^{D(X)}$で決
　　める。すなわち$D(X) = \log b/\log a$とする。

カントールの不連続体の次元

このような奇妙な次元を持つ図形をもう一つ紹介しよう。これはカントールの不連続体といい、古くから奇妙な図形の例として知られていたものである。

長さ1の線分を用意する。それを三等分し、まん中の部分をとり除く。この三等分し、まん中をとり除くという操作を無限回繰り返して最後に残った図形（?!）がカントールの不連続体である。ちょっと試してみれば分かるように何も残らないのではないかと思うが、実はこの図形Cは確かに存在し、しかも、Cの中には実数と同じ個数、すなわち ℵ 個の点が残っているのである。

さて、Cのふつうの意味での次元は零次元であるが、Cはかなり複雑な図形である。Cの相似次元を計算してみよう。②でACはもとの図形の相似比1/3の縮小図形で、それが二個で②は作られている。すなわちCの相似次元 $D(C)$ は $D(C) = \log2/\log3 = 0.63\cdots$ となり、確かに零次元図形より

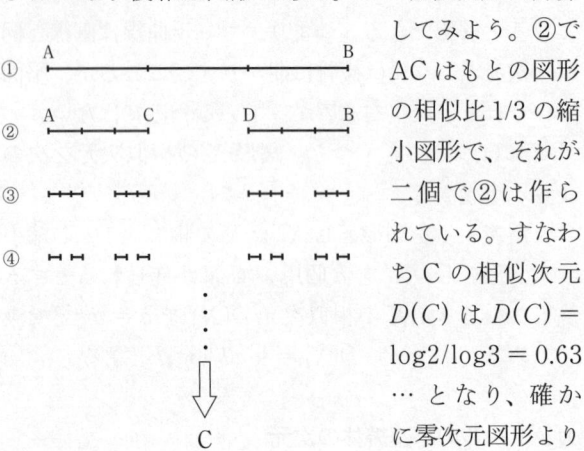

はかなり複雑であるが一次元図形とまではいかない、というわれわれの直観とよく合致している。

相似次元は自己相似性を持つ図形についてしか定義できないが、同様の性質を持つ複雑さの目盛がいくつか定義されている。そのうち最も重要なものはハウスドルフ次元と呼ばれるもので、これはコッホ曲線やカントールの不連続体に関しては相似次元と一致する。

マンデルブロは次のようにフラクタルを定義した。図形 X がフラクタルであるとは、X のハウスドルフ次元が、X のふつうの意味の次元より大きくなるものをいう。したがってコッホ曲線、カントールの不連続体などは典型的なフラクタルであり、ペアノ曲線もその相似次元が 2 となるからやはりフラクタルである。

自然の形とフラクタル

フラクタルが一躍脚光を浴びたのは、コンピュータ・グラフィックスの長足の進歩によって、実際に無限のプロセスを擬似的に目で見ることができるようになったことと、自然界のさまざまな形、たとえば、海岸線、積乱雲、葉脈などがフラクタルの性質を持つことが知られるようになったのがきっかけである。海岸線や積乱雲などが、完全な自己相似性や無限の生成過程を持つわけではないが、それぞれのフラクタルとしての次元を実験的に測定することができ、その結果海

岸線のフラクタル次元や川のフラクタル次元がほぼ一定の値に落ち着くことも知られている。

このフラクタルの目で自然および自然現象を眺めることが、これから先どのような成果を上げるのかは今後の研究を待つしかないが、フラクタルを用いたモデルで実際の地震などを分析することに成功したという結果も伝えられている（1988年2月3日付朝日新聞）。ともかく、この奇妙な図形の探究により、数学はそのとり扱える分野を新しく開拓することに成功したのは間違いないところである。

3 不連続現象の解析・カタストロフィー理論

前節で紹介した奇妙な非整数次元を持つ曲線コッホ曲線は、いたるところで接線を持たない、すなわち、すべての点で微分不可能な曲線の例でもある。

第1章でもとりあげたが、ニュートン、ライプニッツに始まる微分積分学は、自然現象の解明に絶大な威力を発揮した。微分方程式という極微の顕微鏡を手にした科学者たちは、すべての自然現象を微分方程式に翻訳しそれを解くことで、最終的にこの宇宙の森羅万象、ありとあらゆることを決定論的に解釈しようとし

たのである。この力学的世界像は近代ヨーロッパが持った最も強力なドグマの一つだったし、それはそれで非常に重要な世界観でもある。

この力学的世界像は20世紀に入って、物理学の方から、ガリレオ力学に替わる相対論力学、あるいは極微の世界における不確定性原理の発見と量子力学、また数学界からの第4章で述べたゲーデルの不完全性定理の発見などによって、多少の修正を余儀なくされたが、力学的世界解釈の方法はなお十分に有効である。

不連続現象の記述

ところが、力学的方法は不確定性という原理上の弱点の他に、人間を含む自然界に起こる不連続現象を十分に説明しきれないという欠点があった。今この世界に起こるさまざまな現象を非常に単純化し、原因と結果の連鎖とみなそう。一定の原因のもとで一定の結果が引き起こされる。ここでは原因も結果もすべて数量化されているとする。

原因の因子が一つならば、その数量 x は数直線上に表わすことができるし、原因の因子が二つならその数量 x, y を組 (x, y) とみて座標平面上の点と考えることができる。一般に因子はもっと多く $x_1, x_2, \cdots, x_n$ となるが、これも n 次元空間内の点 $(x_1, x_2, \cdots, x_n)$ で示される。この n 次元空間をコントロール空間と呼ぶ。

結果の方も同様に数量化（この場合はただ一つの数値zとする）され、原因と結果は$x_1, x_2, \cdots, x_n$とzのある関係（これをポテンシャルと呼ぶ）$F(x_1, \cdots, x_n, z)$で表わされる。ここで$(x_1, \cdots, x_n)$を決めたときzの値はFが極小となるように決まると仮定しよう。これはシステム$F(x_1, \cdots, x_n, z)$が全体として落ち着くようにzの値が決まるという内容である。

さて原因$(x_1, x_2, \cdots, x_n)$をコントロール空間の中で少しずつ変えていく（連続的に動かす）と、結果のzの方も少しずつ変わる。ところが、さまざまな現象において原因の変わり方が連続であるにもかかわらず、結果のzが突然ジャンプして変わってしまうことが観測される。この結果のzが突然ジャンプする現象をカタストロフィー（破局）という。今まで連続的に変化していた現象が突如不連続な変化をするカタストロフィーは、連続性の解析が主眼であったいわゆる微分積分学、微分方程式、広くは解析学では分析しきれない現象である。

このような不連続な現象を分析、解釈するためにルネ・トム（1923－2002）によって1968年に発表された理論がカタストロフィー理論である。トムは微分トポロジーを専門とする数学者で、その分野の業績ですでに1958年にフィールズ賞を受賞している。その後、トポロジーの応用としてカタストロフィー理論を創りあ

げ、イギリスのジーマンや日本の野口広などとともに、カタストロフィーを用いてさまざまな現象の研究を行っていた。

カタストロフィー理論を見る

カタストロフィー理論を眺めるために、原因の因子が x, y と二つあり結果 z との関係が $F(x,y,z) = 1/4 \cdot z^4 + 1/2 \cdot xz^2 + yz$ で与えられる場合を考える。これを原因 x, y を固定し z の関数とみると、F が極小となるためには z で微分した導関数 $F'(x,y,z)$ が 0 となることが必要である。F を z で微分して $F'(x,y,z) = z^3 + xz + y$ となるが、$z^3 + xz + y = 0$ は、xyz-空間内のある曲面Sとなる。図を描く都合上 xy-平面を下

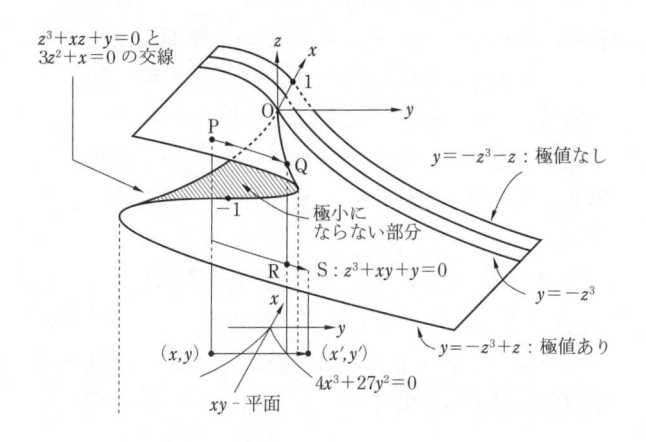

げておく。

Sは前ページの図のような曲面となる。$x \geq 0$ の範囲では $y = -z^3 - xz$ は単調減少、$x < 0$ の範囲では $y = -z^3 - xz$ は極値を二つ持つことが分かり、原点で波を打ったような曲面である。

原因 x, y を動かすとき結果 z はこの曲面S上を動くが、実際に F が極小となるためには、$z^3 + xz + y = 0$ を満たす z の値の前後で F' の符号が負から正に変わればよい。あるいは高等学校で学ぶように $F' = 0$ を満たす z が実際に極小値を与えるためには $F'' > 0$ であればよい。

この方法で計算してみると $F'' = 3z^2 + x$ となり、$3z^2 + x > 0$ が求める条件である。とくに $3z^2 + x = 0$ という放物柱面と曲面 $z^3 + xz + y = 0$ の交線が折り目の曲線になっている。これを xy-平面に投影すると、$z^3 + xz + y = 0$ と $3z^2 + x = 0$ より $x = -3z^2$, $y = 2z^3$。これから z を消去して $4x^3 + 27y^2 = 0$。これが極小値を与える部分の境界をコントロール平面に投影した図形で、これをカタストロフィーの分岐集合と呼ぶ。

原因 (x, y) をコントロール平面上で動かしてみよう。(x, y) から (x', y') まで分岐集合を横切って原因を変化させると、それにともなって結果 z はS上をPからQ、QからRへと動くことになる。前ページの図で分

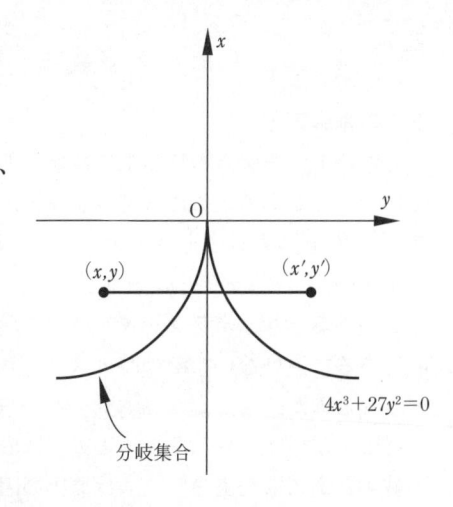

かるように z はPからQまではS上を連続的に動くが、原因 (x, y) が分岐集合の右分岐を越えたとたん、z はQからRに一瞬にして移動する。これがカタストロフィージャンプである。

図中: (x, y)　(x', y')　$4x^3 + 27y^2 = 0$　分岐集合

コントロール因子がなめらかに連続的に変化していても、結果がこのように急激に変化する現象は自然現象や社会現象の中にいくつも見出されるが、このカタストロフィーはそのモデルを与えていると考えられる。もちろん、このモデルは複雑に絡まりあうさまざまな要因をただ二つだけに限り、しかも数値化できると仮定しているから、実際の現象のかなり大まかな近似になっていることには注意を払う必要がある。カタストロフィー理論は発表当時、万能の理論であるかのように騒がれたが、モデルの持つ限界をしっかりと認識すれば、そのようなおかしな理解の仕方は起こらないだ

トムの基本定理

ところで、モデルの持つ限界性とは別に、もう一つ気になる点がある。このモデルを作るにあたってシステム全体を律する法則（ポテンシャル）を $F(x, y, z) = 1/4 \cdot z^4 + 1/2 \cdot xz^2 + yz$ と仮定したが、原因が x, y と二つあるとき、ポテンシャルはこの形以外にいろいろとあるに違いない。その時カタストロフィー曲面はどうなるのか。

ところが、ここにこそトムのカタストロフィー理論の威力があるのである。トムは原因の因子個数、すなわちコントロール空間の次元が四次元以下の場合、原因、結果のシステムを支配するポテンシャルの形はそれが構造的に安定であるなら、適当に座標変換を行い、単位を適当にとれば初等カタストロフィーと呼ばれる七つの型のどれかとトポロジー的に同じになってしまうことを示した。これをトムの基本定理という。

原因の個数が k 個のとき、とり得るポテンシャル関数は k 個以下のポテンシャル関数のどれかになる。まとめて次ページの表のようになる。トムはこの結果を微分トポロジーの最新の結果を用いて証明したのである。コントロール空間の次元が5になるとカタストロフィーは11個あるが、コントロール空間の次元が

5―現代数学の冒険

原因の個数 k	ポテンシャルの形	原因	結果	名称
1	$\frac{1}{3}z^3 + xz$	x	z	折り目
2	$\pm\frac{1}{4}z^4 + \frac{1}{2}xz^2 + yz$	(x, y)	z	くさび
3	$\frac{1}{5}z^5 + \frac{1}{3}xz^3 + \frac{1}{2}yz^2 + wz$	(x, y, w)	z	つばめの尾
〃	$z_1{}^3 + z_2{}^3 + xz_1z_2 - yz_1 - wz_2$	(x, y, w)	(z_1, z_2)	双曲的へそ
〃	$\frac{1}{3}z_1{}^3 - z_1z_2{}^2 + x(z_1{}^2 + z_2{}^2) - yz_1 - wz_2$	(x, y, w)	(z_1, z_2)	楕円的へそ
4	$\pm\frac{1}{6}z^6 + \frac{1}{4}xz^4 + \frac{1}{3}yz^3 + \frac{1}{2}wz^2 + sz$	(x, y, w, s)	z	蝶
〃	$z_1{}^2z_2 \pm z_2{}^4 + xz_1{}^2 + yz_2{}^2 + uz_1 + sz_2$	(x, y, w, s)	(z_1, z_2)	放物的へそ

6以上になるとカタストロフィーの個数は無限個となる。しかし原因の個数、コントロール要因が四個以下というのは現実にはそれほどの障害にはならず、社会的現象の分析にはくさびのカタストロフィーが威力を発揮している。

それにしてもコントロール要因の個数が5以下のとき、質的な不連続変化を起こすシステムが11個のタイプに分類されてしまうというのは驚異的な結果ではないだろうか。確かに1960年代の終わりから1970年代初めにカタストロフィー理論が初めて発表されたときは、いささかはしゃぎ過ぎの感がなくもなかった。創成期を過ぎ、カタストロフィー理論も落ち着いた発展期に入ったようであるが、一方で、カタストロフィー理論は消滅しつつあるという意見もあるらしい（注：実際、この理論をトムが発表したとき、ある集会で「株価の予想につかえるんでしょうか」と真面目な顔で訊ねられた経験がある。カタストロフィー理論は社会全体の枠組みを根底から変えてしまうような万能理論ではない。その意味では確かに数学研究の一分野としてあるべき位置に納まって、普通の数学理論になったのだろう）。ジーマンらによる生物学や社会学への応用については一般向け解説書（『応用カタストロフィー理論』、E・C・ジーマン、野口広、講談社ブルーバックス）も出版されているので、発表当時のカタス

トロフィー理論の様子を参照していただきたい。

現代数学の多様性

これまで、あいまい性、複雑さ、不連続な変化を扱うために20世紀の後半になって考え出された現代数学のアウトラインを眺めてきた。これらの主題はいずれも古典的な数学ではとても扱えなかったものばかりである。あいまい性を量化したファジイ理論、複雑さの目盛となったフラクタル次元などはいずれも典型的な「コト」的主題であり、「モノ」を扱う数学ではいずれの主題も扱いきれなかったに違いない。

これらの現代数学が、あいまいさとか複雑さの本質を的確にえぐり出しているかどうかについては、今もさまざまな意見がある。ファジイ理論は「形而上的玩具にすぎない」という批判もあるようだし、カタストロフィーの応用についても社会学的問題の数学的定式化に難があるという批判も耳にする。これらの批判には耳を傾けるべき点が多々あるが、それでもなお、これら現代数学の先端分野が、工学、社会学、経済学、生物学、物理学、地学などあらゆる学問との境界領域をその視野に置いていることは、現代数学が高度の理論化、形式化と同時にその活力源を他のさまざまな分野から得ていることの証左であり、同時に数学の未来についてもまだまだ未知の面白さを感じさせる原動力

でもある。

　さらに現代数学を語るときどうしても欠かせないのはコンピュータとの関わりあいであるが、これについては節を改めてふれよう。

4　コンピュータと現代数学・四色問題をめぐって

　20世紀に入って発明されたさまざまな機械の中で、コンピュータほど急激に発達したものはないだろう。最初のコンピュータは真空管を数万本も使い、大砲の弾丸の軌道計算に使われたが、それからわずか数十年でコンピュータはパソコンとなり家庭に入り込むまでになった。さらに人工知能の出現までささやかれている。このめざましいコンピュータの発達は数学にどのような影響を与えたのだろうか。

〝悪名高い〟難問

　現代数学とコンピュータとの関わりあいの中で最大の話題は、1976年に四色問題がコンピュータを用いて肯定的に解決されたことであろう。まず四色問題について述べよう。

　平面上に描かれた地図を境界を接する国は異なる色

で塗り、全体を何色かで塗り分けたい。使う色の数をなるべく少なくすると最大何色あったら塗り分けられるだろうか。これが四色問題である。問題そのものが初等的かつ具体的で分かりやすいこともあって、フェルマーの定理（1994年アンドリュー・ワイルズによって解決）と並んでアマチュア数学者にも大変人気のある問題だった。

四色問題はそもそも前世紀の中頃に数学上の問題として発見されたが、ケンプによって1879年に四色が必要かつ十分であることの証明が発表され、さらにヘイウッドにより1890年にその証明の誤りが指摘されて一躍有名になった。以来何人もの数学者がその証明に挑戦し、失敗した、ある意味では悪名高き問題である。日本人も何名かが証明を発表したことがあったが、いずれもミスがあったようである。

ところが前に述べたように、この四色問題は1976年にいたりハーケン、アペル、コッホの三名の共同作業によってコンピュータを用いて劇的に解決されたのである。

グラフ理論の置き替え

四色問題を扱うとき、平面上の地図の塗り分けの方が視覚的な訴えが強いが、図に書きにくいこともあって、ふつうは地図をそれと同等な平面上のグラフ

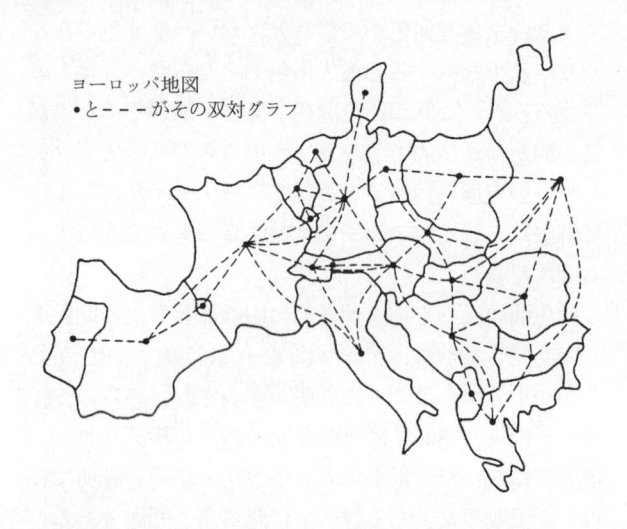

ヨーロッパ地図
●と----がその双対グラフ

（第3章で扱ったグラフ）に置き替えて話を進める。このグラフをもとの平面地図の双対グラフという。これは各国を一つの頂点で表わし境界を接する国どうしを辺で結んでできるグラフである。

こうすると地図の塗り分け問題は平面上のグラフの頂点の塗り分け問題となり、辺で結ばれている頂点は異なる色で塗り分けよという問題となる。これからはこの形で問題を扱うことにしよう。

四色が必要なグラフはすぐに作れる。では平面上、頂点の塗り分けに五色が必要な地図は存在するだろうか。「存在しない。すべての平面グラフの頂点は四色

で塗り分けられる」これが四色問題の解答だった。

その証明の跡をたどってみよう。この問題の証明手段として数学的帰納法を用いようとするのはごく自然な発想であろう。すなわち、

(1) 頂点数が四個以下の平面グラフは明らかに四色で塗り分けることができる。
(2) 頂点数が n 個の平面グラフは四色で塗り分けられると仮定して、頂点数が $n+1$ 個の平面グラフも四色で塗り分けられることを示す。

(1)、(2)により帰納法が完成し、すべての平面グラフは四色で塗り分けられることになる。(1)は証明する必要がない。問題はドミノ倒しのプロセス(2)である。これを示すには、頂点数 $n+1$ の平面グラフを G とし、G の中に必ず含まれるうまい頂点 x を G からとり除く。残ったグラフ G′ を帰納法の仮定を用いて塗り分ける。そこに頂点 x を復元し、必要なら多少の手直しをして G の塗り分けを完成させる。これが証明のプロセスである。問題点は二

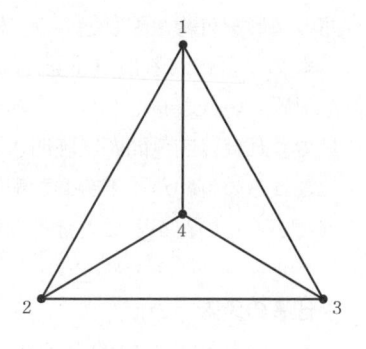

つあった。

(1) どんなグラフにも必ず含まれるような頂点とその周囲の図形をどうやって探すか。

(2) 〝うまい〟頂点とはどういう意味か。

(2)については〝うまい〟頂点 x とは次のように解釈する。その頂点 x とその周囲をとり除いたグラフ G' の頂点の塗り分けができれば、x を復元したグラフ G も必ず塗り分けられる。このような頂点 x とその周囲の図形を可約な配置という。(1)のようにどのグラフにも必ず含まれる頂点 x とその周囲の図形を不可避な配置という。したがって可約かつ不可避な配置が発見できれば、四色問題は証明されたことになる。

これらの可約かつ不可避な配置が手仕事で見つかればよかったのだが、ことはそう簡単には運ばなかった。

手仕事の段階

グラフ理論の初等的な考察で、平面グラフは次数（すなわちその頂点から出ている辺の本数、第3章参照）が3か4か5の頂点 x を少なくとも一つ持つことが分かる。次数3の頂点はそれ自身可約な配置であることは明らかである。四色使っていいのだから一色必ず余る。それを x に塗ればよい。次数が4の頂点も可約な配置であることは手仕事で証明される。それを示してみよう。

5―現代数学の冒険　225

　もしxと結ばれている四頂点が三色で塗られていれば一色余っているからそれをxに塗る。

　1から4までの四色がxの周囲にすべて使われているとき、頂点2から出発する2と4の色で交互に塗られている辺の列（2-4チェインと呼ぶ）を考える。この2-4チェインをたどっていったとき、どうしてもxと結ばれている4の頂点にたどり着けなければ、この2-4チェイン上で色2と4をいっせいに入れ替える。こうしても四色塗り分けは変わらず、しかも今まで2で塗られていた頂点は4に変わって色2が余ることになる。こうしてxに2を塗ることができる（下図）。

　一方もし2-4チェインがxと結ばれている4の頂点にたどり着くとき、このときは2-4チェイン上で色2と4を入れ替えても状況は変わらない。ところが今度は頂点1から出発する1-3チェイン

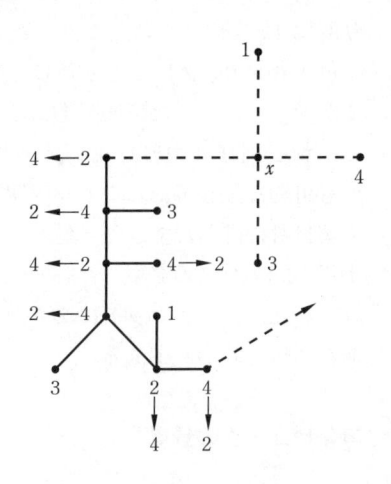

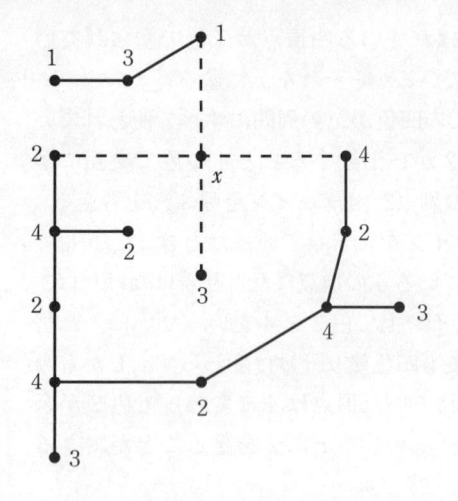

はどうしてもxと結ばれている3の頂点にはたどり着けない。なぜなら3の頂点は2-4チェインおよびxで作られるループに守られていて、1-3チェインはこのガードを突破できないからである（左図）。だから今度は1-3チェイン上で色1と3を総入れ替えすれば色1が余り、xに1を塗ることができる。実にあざやかでエレガントな証明である。

これと同様の手段を用いて、ケンプは次数5の頂点も可約な配置であることを証明しようとした。そして彼自身は証明ができたと信じてそれを公表した。約十年の間ケンプの発表した証明は正しいものと認められていたが、ヘイウッドにより誤りが発見されたのは前に述べたとおりである。

コンピュータの登場

次数5の頂点が可約な配置であることが別の方法で証明されれば、四色問題は肯定的に解決されることになる。しかし現在までその証明は発表されていない。必然的に次数5の頂点x自身でなく、xを含めたその周囲全体が可約な配置になっていることを示そうという努力が始まった。

　とくにヘーシュは新しい手段を開発し、そのような可約配置を精力的に見つけ始めたのだったが、問題はその不可避な可約配置の総数である。次数5の頂点の周囲まで分類整理しようとすると、その数はちょっと人間の手仕事の範囲を越えてしまう。場合分けといってもこれは四つや五つの場合分けと話が違うのである。しかもその場合分けをコンピュータにやらせるとしても、場合分けが有限で済むだろうというのは見込みであり、下手をすると、いくらコンピュータを動かしても分類が完成しないという事態も起こりかねない。

　そんな中で、四色問題の解決にちょっとした人間臭さをそえた事件が起きた。四色問題を解決して名を上げたハーケンはもともとヘーシュの弟子にあたるが、ハーケンとヘーシュが喧嘩別れをしたのである。さまざまな憶測が流れているが、ヘーシュがいささか秘密主義をとりすぎたというのが真相らしい。

　とにかく、ハーケンはヘーシュのもとを離れてイリノイ大学に移る。イリノイ大学は当時から大型コンピ

228

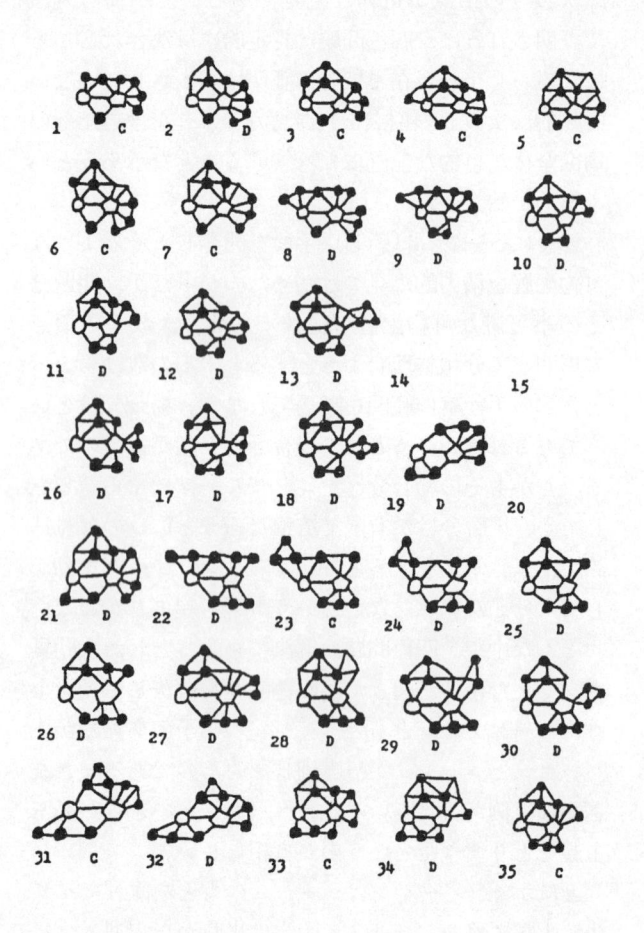

5 — 現代数学の冒険　229

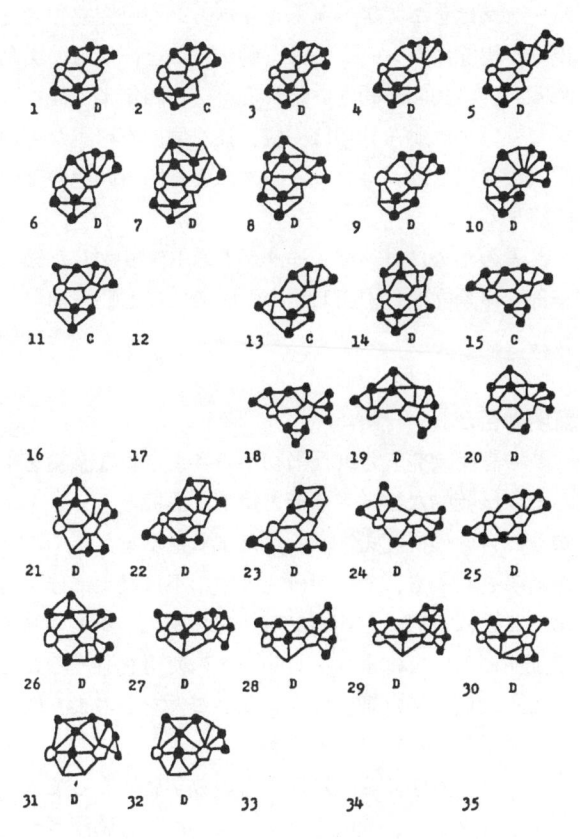

1 D	2 C	3 D	4 D	5 D
6 D	7 D	8 D	9 D	10 D
11 C	12	13 C	14 C	15 C
16	17	18 D	19 D	20 D
21 D	22 D	23 D	24 D	25 D
26 D	27 D	28 D	29 D	30 D
31 D	32 D	33	34	35

Illinois J. of Math. vol.21 (1977) より

ュータを持つその分野では世界有数の研究機関である。ハーケンはそこでアペルとコッホという研究協力者を得て、実際にコンピュータを動かすことになる。実動時間、実に1200時間といわれるが、約四年半の後にコンピュータによる分類は完成、1834個の不可避な可約配置が見出され、コンピュータによる四色問題の証明は終了した。

参考のためにコンピュータがリストアップした図の一部を原論文から引用したので眺めてほしい（前ページ）。

証明か否か

この証明は発表された当初からさまざまな議論を生んだ。伝統的な数学者は紙と鉛筆、黒板とチョークを頼りに自分の研究を進める。たまに電卓をたたくことがあるとしても、それが研究の中で不可避な部分を占めることはない。ところがハーケン・アペル・コッホの証明においては、コンピュータの使用を避けることができない。では証明に穴がないことをどのようにチェックしたらいいのだろうか。

ふつう、数学の論文は何人もの数学者によって入念にチェックされ、追跡されて、穴がないと確認された段階で正式に正しいものと認知される。しかし、この四色問題の証明を誰がどのようにチェックするのか。

ここにいたってコンピュータはたんなる紙と鉛筆の延長ではない本質的に新しい道具として機能し始めたのである。これは伝統的な証明の概念に反省を迫るものであった。

このような事態に直面し、数学者たちのとった態度は大きく二つに分かれた。一つはこれを新しいタイプの証明として認知し積極的にコンピュータと共存しようとするもの、もう一つは伝統的な証明の概念を尊重し、四色問題についてもコンピュータを用いたエレファントな証明でなく、紙と鉛筆を用いたエレガントな証明を期待するものである。

しかし大部分の数学者は、四色問題自体がセンセーショナルではあるがある意味ではマイナーな問題であることをうまく利用して、敬して遠ざけるという態度をとったようである。実際当初のハーケンたちの証明には小さなキズが何カ所かあったのは事実のようだし、証明後数十年以上もたつのに、いまだにあの証明は誤っているという噂が時々流れたりもする。しかし、これから先パソコンはますます発達し、コンピュータと人間の共同作業による証明ももっとたくさん出てくるに違いないと思う。

実際に最近の数式処理ソフトの発達には目覚ましいものがあり、一昔前には考えられなかった複雑な計算をコンピュータが処理してくれるようになった。さら

にコンピュータに証明そのものを実行させようという機械証明の試みもなされている。これから先、コンピュータが数学の中で果たす役割はさらに重要になり、四色問題の解決の過程で人間とコンピュータが果たした共同作業の意味も、その中ではっきりすることと思う。

5　現代数学・その意味と形式

19世紀数学の名所案内から出発した数学パノラマの旅もコンピュータにたどり着き一応終わりを告げる。現代数学は古典数学の中から多くの主題を学びとり、それらを発展させてきた。作図問題、方程式の解法理論に始まる代数的構造の発見は、20世紀に入り、フランスの数学者集団ブルバキの手によって数学全体の構造主義化へとつき進んでいった。かくして現代数学はあらゆる数学的構造の研究という、まったく抽象的な主題を発見したのである。

抽象的構造と同型性（イソモルフィック）という武器は数学の守備範囲を大きく広げた。第3章でふれた一次元のトポロジー＝グラフ理論などはその典型的な例である。初期の段階では気のきいたパズルの範囲を出なかったグラフ理論は抽象構造としてとり扱われ

ることにより、工学、経済学に見事な応用を持つようになった。

再び「モノ」と「コト」について

しかし、一方で数学が構造化し抽象化することで、19世紀数学が持っていた「モノ」の手ざわりは失われていった。「モノ」が「コト」にとって替わられていく過程は第1章で述べたとおりである。その典型的な例は第4章で述べた数理論理学であろう。

一般記号学の芽は数学自体の中に潜んでいたが、その形式構造のみをとり出し、現代数学が持つ〝無意味な記号列とその変形規則〟という側面のみを極限にまで展開して見せた記号論理学、数学基礎論は、その果てにヒルベルトが夢みた予定調和の世界をも打ち壊してしまった。ゲーデルの不完全性定理が数学の限界を見つけてしまったのか、それともルールの中での多様性を発見してくれたのかは議論のあるところだが、形式主義的数学がなし遂げた重要な成果の一つがゲーデルの不完全性定理であることは間違いない。

しかも、不完全性定理が、形式主義が無意味な記号列の中に捨て去ったはずの記号の意味内容とのかかわりで成立していることは注目に値する。現代位相空間論も空間の実体的な意味を捨象することで抽象空間という未知空間を発見したのだったが、抽象空間が無数

の記号の間からその姿を本当に見せ始めるのは、われわれの心の中に抽象的空間構造という「コト」に対応する「モノ」が形作られた時ではないだろうか。

「モノ」の復活

19世紀数学は「モノ」から「コト」へ、具体的な対象から抽象的な関係へとその研究対象を変えていったが、20世紀も後半に入り、再び「モノ」が数学の中によみがえりつつあるようだ（注：これはまさに、1988年講談社現代新書版執筆当時の筆者の実感であった）。もちろん、この「モノ」は19世紀流の単純な「モノ」ではなく、「コト」を経た「モノ」であって、複雑な構造を内蔵した「モノ」である。

たとえば第2章で述べた集合が、構造を内蔵した「モノ」の重要な例である。現代数学が研究対象としている集合という代物はわれわれが直観的に考える素朴な「ものの集まり」という視点からはちょっと捉えきれない怪物であることは見たとおりである。現代集合論における集合が実体的な意味を持つのかどうかはこれも議論の分かれるところであろう。完全な記号ゲーム主義として集合論を考えることも可能だろうが、それは集合論をいわゆるジェネラル・ナンセンスに追いやるだけだろう。

意味と無意味と

われわれは意味のないことをすることができる。しかし、たぶん意味のないことを覚えることはできない。

フランスの盲目の数学者ベルナル・モランは次のように語っている。「私は意味の分からない式や変形は覚えられない。どんなややこしい式でもそれが重要なものなら、幾何学的透明さでその意味を説明できるのである。そうすると、私はどんな複雑な式でも覚えられる」（「数学セミナー」1987年9月号）

これはけっして現代数学に限った話ではない。数学理解のどのような段階においても、その形式が持つ意味を理解することこそが、数学が分かることの最初の一歩であり、かつ最後の一歩に他ならない。そしてその意味は「モノ」にだけあるのではない。抽象的な関係としての「コト」についてもその意味はきちんと存在する。そして、そのような意味は個々人の数学的経験の中で養われるものである。これはおそらく他のすべての学問の理解の仕方と同様であり、数学もけっして例外ではない。

数学が形式的ゲームという側面を持つことは否定できないし、その透明な無意味さこそが、数学の持つ無限の可能性を保証しているものでもある。しかし、そのことと、われわれが数学を理解しようと努力するプロセスとは立派に両立するものである。そして理解す

るということは規則に習熟することとは異なり、意味を抜きにしては考えられない、と私は考える。

　本書で、私は自分が理解できたと思っている現代数学の一部分の意味をなるべく直観的に語ったつもりである。この解説が現代数学を理解することの一助になることを願いつつ筆をおくことにしよう。

本書は1988年に講談社現代新書の1冊として
刊行された作品を文庫化したものです。

数学をつくった人びと
I・II・III

E・T・ベル

田中勇・銀林浩訳

天才数学者の人間像が短篇小説のように鮮烈に描かれる一方、彼らが生んだ重要な概念の数々が裏キャストのように登場、全巻を通じていろいろな角度から紹介される。数学史の古典として名高い、しかも型破りな伝記物語。
解説 I巻・森毅、II巻・吉田武、III巻・秋山仁

ハヤカワ・ノンフィクション文庫
《数理を愉しむ》シリーズ

数学は科学の女王にして奴隷

I 天才数学者はいかに考えたか
II 科学の下働きもまた楽しからずや

E・T・ベル
河野繁雄訳

「科学の女王」と称揚される数学は、先端科学の解決手段として利用される「奴隷」でもある。名数学史『数学をつくった人びと』の著者が、数学上重要なアイデアの面白さと、それが科学にどう応用されたかについて、その発明者たちのエピソードを交えつつ綴ったもうひとつの数学史。

解説 I巻・中村義作 II巻・吉永良正

ハヤカワ・ノンフィクション文庫
《数理を愉しむ》シリーズ

著者略歴　1946年群馬県生　東京教育大学理学部数学科卒　群馬大学教育学部教授、数学教育協議会副委員長　著書に『数学と算数の遠近法』(ハヤカワ文庫刊)『「無限と連続」の数学――微分積分学の基礎理論案内』『幾何物語――現代幾何学の不思議な世界』ほか多数

HM=Hayakawa Mystery
SF=Science Fiction
JA=Japanese Author
NV=Novel
NF=Nonfiction
FT=Fantasy

〈数理を愉しむ〉シリーズ
はじめての現代数学

〈NF346〉

二〇〇九年三月二十五日　発行
二〇一一年四月二十日　五刷

著者　瀬山士郎

発行者　早川　浩

印刷者　西村正彦

発行所　株式会社　早川書房
郵便番号　一〇一－〇〇四六
東京都千代田区神田多町二ノ二
電話　〇三‐三二五二‐三一一一(大代表)
振替　〇〇一六〇‐三‐四七六九九
http://www.hayakawa-online.co.jp

（定価はカバーに表示してあります）

乱丁・落丁本は小社制作部宛お送り下さい。送料小社負担にてお取りかえいたします。

印刷・精文堂印刷株式会社　製本・株式会社明光社
©2009 Shiro Seyama　　Printed and bound in Japan
ISBN978-4-15-050346-8 C0141

＊本書は活字が大きく読みやすい〈トールサイズ〉です